스마트 팜 실태 및 성공요인 분석

김연중 선임연구위원
박지연 부연구위원
박영구 전문연구원

머 리 말

최근 우리나라 농업은 인건비와 자재비, 유통채널에서의 비용 상승으로 농가 경영이 점차 악화되고 있는 추세이다. 특히 농업현장에서는 전문화된 노동력을 확보하기가 매우 어려운 것이 현실이며 그 결과 농업 생산물의 실질적인 부가가치는 정체 또는 하락하고 있다. 최근 정부에서는 이를 극복하기 위하여 창조농업의 일환으로 농업 분야의 IT-BT-NT 융합화에 의한 신성장동력을 발굴하기 위해 노력하고 있으며 그중 ICT 기술 도입을 결합한 미래산업으로 스마트 팜이 주목되고 있다. 그러나 아직까지 우리나라의 스마트 팜은 발전 초기인 데다 농가 역시 스마트 팜에 대한 확신이 부족한 상황이다.

이 연구는 스마트 팜이 생산성 향상, 품질 향상, 노동력 절감 등의 효과가 있음에도 관행 농가들이 스마트 팜 도입을 망설이는 것에 주목하였다. 따라서 이 연구에서는 스마트 팜 선도농가들의 성과와 그들의 성공요인을 제시함으로써 기존 관행 농가들이 스마트 팜을 이해하고 시장에 진입할 수 있는 계기를 마련하는 데 그 목적이 있다.

아무쪼록 이 연구가 스마트 팜 발전의 기틀을 마련하고 보다 쉽게 스마트 팜에 접근할 수 있는 기초 자료가 되기를 기대한다.

바쁘신 가운데에서도 이 연구의 수행에 귀중한 자문으로 수고해 준 농림축산식품부와 관련 기관 종사자들에게 감사드린다.

2016. 6.
한국농촌경제연구원장 김 창 길

요 약

○ 스마트 팜이란 ICT를 비닐하우스, 축사, 과수원 등에 접목하여 원격·자동으로 작물과 가축의 생육환경을 적정하게 유지·관리할 수 있는 농장을 의미함. 현 정부의 창조농업과 관련하여 농업에서도 IT-BT-NT 융합화에 의한 농업 신성장동력을 발굴하기 위해 노력하고 있으며 그중 ICT 기술을 결합한 미래 산업으로서 스마트 팜이 주목되고 있음.

○ 그러나 아직까지 우리나라의 스마트 팜은 발전 초기인 데다, 농가 역시 막상 스마트 팜을 어떻게 운영해야 할지 모르는 경우가 대부분임. 이는 스마트 팜이 생산성 향상, 품질 향상, 노동력 절감 효과가 큼에도 기존 농가들이 따라갈 수 있는 모델이 없거나 효과에 대한 확신이 없기 때문임. 따라서 스마트 팜의 선도농 사례들을 종합하여 성공 요인을 살펴보고, 성공한 선도농이 어떤 이유에서 성공하였는지를 밝힘으로써 기존 농가들이 쉽게 스마트 팜을 이해하고 시장에 진입할 수 있는 계기를 마련할 필요가 있음.

○ 스마트 팜의 범위는 생산, 유통, 경영, 농업·농촌 부문으로 광범위하나 우리나라 스마트 팜은 기초적인 단계임을 감안하여 본 연구에서는 생산 부문만을 다루기로 하였음.

○ 스마트 팜 선도농가 조사 결과, 스마트 팜 도입은 대부분 자발적인 선택(74%)에 기인한 것으로 나타났으며 대부분 영농의 편이성과 생산성 향상을 목적으로 하고 있었음. 스마트 팜의 투자 만족도(5점 척도)는 대부분 4.0 이상으로 시범사업의 효과는 매우 큰 것으로 나타났음. 그러나 생육데이터 수집과 전산경영프로그램의 운영 자료 수집 실적은 전체의 절반 수준에 그쳐 하드웨어와 소프트웨어 간의 불균형이 심한 편임. 스마트 팜 선도농가들은 이미 자체적인 판로가 공고화되어 있어 스마트 팜 시설을 통한 농산물 품질

확보에 매진할 수 있는 장점이 있었음.

○ 한편, 스마트 팜 선도농가들의 수출 비중은 40% 정도로 일반 농가들에 비해 매우 높은 수준임. 따라서 세종 스마트 팜 단지 등 경쟁력 있는 수출 특화 단지 후보를 지속적으로 육성할 필요가 있음.

○ 스마트 팜 선도농가들의 ICT 활용 이후 경영 성과는 생산량과 조수익으로 이어지고 있음. 부류별로는 시설원예 생산량이 도입 이전 대비 44.6% 증가하였으며 조수익도 40.5% 상승하였음. 노지과수 역시 생산량이 도입 전보다 3.4% 증가하였고 조수익도 9.7% 상승하였음. 시설화훼도 생산량이 18.0%, 조수익이 34.4% 상승하였음.

○ 스마트 팜 선도농가들을 통해 본 성공요인은 첫째, 스마트제어 시스템 활용(19.8%)과 데이터에 기반한 농장관리(39.5%)로 보다 좋은 환경을 조성하고 노동력 절감 실현, 둘째, 스마트 팜의 발전가능성에 대한 마인드 구축과 전문컨설팅에 대한 적극성을 보유, 셋째, 이미 관련 분야의 노하우 축적으로 기존 기술과의 시너지 효과를 실현하여 자신의 현실과 맞는 관련 설계를 주도적으로 진행, 넷째, 선도농가들은 유통 및 수출 채널을 이미 확보하고 있어 ICT 시설을 통해 품질관리에만 전념 가능, 다섯째, 자기부담비용 감소로 인한 선진시스템 도입의 거부감 제거 등이 주요 원인임.

ABSTRACT

An Analysis of the Current Status and Success Factors of Smart Farms

Background of Research

A smart farm refers to a farm that can remotely and automatically maintain and manage the growing environment of crops and livestock by utilizing ICT in vinyl houses, stables, orchards and so on. Concerning the current government's creative agriculture, new growth engines through IT-BT-NT convergence have also been sought in farming, and smart farms among them are receiving attention as a future industry combining ICT. Until now, however, smart farms in Korea have been at an early stage of development, and most farms do not know how to operate them. This is because of the absence of models that existing farms can follow or the lack of confidence in smart farms' effectiveness, despite their merits, productivity and quality improvement and labor saving. Therefore, it is necessary to pave the way for existing farms to understand smart farms easily and enter the market by examining cases of leading smart farms and their success factors and identifying reasons for their success.

Method of Research

The range of smart farms is extensive, including production, marketing, management, and rural and agricultural sectors. Nevertheless, considering that Korean smart farms are at a basic stage, this study covered only the production sector. We analyzed performance including production increases per unit area, quality enhancement, labor saving, and convenient farming through combining the production sector with ICT. To examine the present state of smart farms, we used data on farms utilizing ICT among the agricultural enterprises database, the Rural Development Administration report on survey results of the types of greenhouses, data on the current situation of farms managed by eight field support centers by area (Provincial Agricultural Research and Extension Services) and so forth. To derive the performance of smart farms, we referred to the following literature: *Outstanding Cases of*

Convergence Between Agri-food and ICT published by the Ministry of Agriculture, Food and Rural Affairs; Seoul National University's *Performance Analysis of Sejong Creative Village*; and the Korea Rural Economic Institute's *Strategies and Tasks of ICT Convergence for the Creative Agriculture Realization*. We also analyzed the outcomes of 67 leading smart farms.

Research Results and Implications

According to the results of the survey on leading smart farms, smart farms were introduced mostly by voluntary choice (74%), and most of them aimed at convenient farming and productivity improvement. The satisfaction level with investment in smart farms mostly exceeded 4.0 points on a five-point scale, showing a big effect of the pilot project. Nonetheless, only half of the farms collected their growth data and data on the operation of the computerized management program, indicating a great imbalance between hardware and software. Leading smart farms could concentrate on quality control of their agricultural products through smart farm facilities because their marketing channels have already been stabilized.

The proportion of export of leading smart farms' products is about 40%, much higher compared to general farms. Thus, it is needed to continuously nurture candidates for competitive export complexes such as Sejong Smart Farm Complex.

The utilization of ICT has led to increases in production and gross profit of leading smart farms. In controlled horticulture, production and gross profit rose by 44.6% and 40.5% respectively, compared to before the use of ICT. As for fruit grown outdoors, production grew by 3.4% and gross profit by 9.7%. With regard to controlled floriculture, production increased by 18.0% and gross profit by 34.4%.

The success factors of leading smart farms are classified into five as follows. First, leading smart farms have created a better environment and saved labor by employing a smart control system (19.8%) and managing their farms based on data (39.5%). Second, they are positive about the possibility of smart farms' development and active in receiving professional consulting. Third, they are already carrying out related design suitable to their situation through synergy effects with existing technologies by accumulating know-how in the relevant field. Fourth, the farms could focus on quality control through ICT facilities because they have already secured marketing and export channels. Fifth, the introduction of the advanced system has become easier due to a decrease in the self-pay burden. The biggest factor in this seems to be offsetting the burden of the introduction of ICT as the state and local governments have supported expenses for government pilot projects.

Researchers: Kim Yeanjung, Park Jiyun, Park Younggu
Research period: 2016. 3. ~ 2016. 6.
E-mail address: yjkim@krei.re.kr

차 례

제1장 서론
1. 연구 필요성과 목적 ··· 1
2. 선행연구 검토 및 차별성 ··· 3
3. 연구 범위와 방법 ··· 5

제2장 스마트 팜의 정의와 정책 추진 경과
1. 농업 분야의 ICT 융복합의 필요성 ·· 7
2. 스마트 팜의 개념 ··· 10
3. 우리나라 스마트 팜 정책의 추진 경과 ································ 13
4. 스마트 팜 정책 목표 및 방향 ·· 16

제3장 스마트 팜 부문별 보급 실태
1. 스마트 팜 보급 현황 및 실태 ·· 19
2. 스마트 팜 참여기업 현황 및 보급농가수 ···························· 25

제4장 스마트 팜 성과 및 성공요인
1. 스마트 팜 선도농가의 성과 분석 ·· 29
2. 스마트 팜 성공요인 ··· 43

제5장 시사점 및 발전 방향
1. 부문별 시사점 ··· 49
2. 스마트 팜 발전 방향 검토 ·· 54

참고 문헌 ··· 59

표 차례

제2장

표 2- 1. 주요 선진국의 농업 분야 ICT 활용 사례 ···································· 9
표 2- 2. 농업과 ICT 융복합의 주요 유형 및 사례 ·································· 11
표 2- 3. 2017년 스마트 팜 보급목표 ··· 16

제3장

표 3- 1. 시설원예 스마트 팜 보급 현황 ·· 19
표 3- 2. 축산 부문 주요 축종의 스마트 팜 보급 현황 ··························· 20
표 3- 3. 연도별 정부지원 현황 ·· 20
표 3- 4. 시설원예 스마트 팜 농가의 온실 형태 ····································· 21
표 3- 5. 스마트 팜 재배면적 현황(시설원예) ·· 22
표 3- 6. 스마트 팜 농가의 재배 품목(시설원예) ····································· 22
표 3- 7. 스마트 팜 농가의 연계시설 활용(시설원예) ····························· 23
표 3- 8. 스마트 팜 재배면적 현황(과수) ··· 24
표 3- 9. 스마트 팜 현황(축산) ··· 24
표 3-10. 스마트 팜 참여기업 및 보급농가수 ·· 25
표 3-11. 시설원예 스마트 팜 기업 현황 ··· 26
표 3-12. 축산 스마트 팜 기업 현황 ·· 26
표 3-13. 시설원예 부문의 참여기업 및 보급실적 ·································· 27
표 3-14. 과수 부문의 참여기업 및 보급실적 ··· 28
표 3-15. 축산 부문의 참여기업 및 보급실적 ··· 28

제4장

표 4- 1. 스마트 팜 선도농가 조사 개요 ··· 30
표 4- 2. 스마트 팜 선도농가의 경영 유형 ··· 31
표 4- 3. 선도농가의 스마트 팜 도입 요인 ··· 32

표 4- 4.	부류별 ICT 도입 목적 ·· 32
표 4- 5.	부류별 정부지원사업 내역 ··· 33
표 4- 6.	스마트 팜 선도농가의 도입 만족도 ······································· 34
표 4- 7.	ICT 관련 교육 이수 실태 ··· 35
표 4- 8.	ICT 관련 교육 내용 및 추가 교육 의향 ······························ 35
표 4- 9.	ICT 관련 오프라인 컨설팅 실시 현황 ··································· 36
표 4-10.	ICT 관련 온라인 컨설팅 실시 현황 ······································· 37
표 4-11.	선도농가의 스마트 팜 운영 기간 ··· 38
표 4-12.	스마트 팜 선도농가의 전산경영 프로그램 수집 현황 ······· 38
표 4-13.	스마트 팜 선도농가의 ICT 활용 수준 ·································· 39
표 4-14.	스마트 팜 선도농가의 유통행태 ··· 40
표 4-15.	스마트 팜 선도농가의 수출 실태 ··· 41
표 4-16.	ICT 도입이 판로·수출에 미치는 긍정적 효과 정도 및 긍정적 작용요인 ··· 41
표 4-17.	부문별 스마트 팜 도입 성과 ··· 42
표 4-18.	선도농가들의 스마트 팜 성공요인 ··· 46

그림 차례

제1장

그림 1-1. 스마트 팜 연구의 범위 ·· 5

제2장

그림 2-1. 스마트 온실 구성도 ·· 10
그림 2-2. 광의의 스마트 팜 추진 현황 ·· 12

제5장

그림 5-1. 스마트 팜 발전방향 및 주요 내용 ······························ 56

제1장

서 론

1. 연구 필요성과 목적

○ 스마트 팜이란 ICT를 비닐하우스, 축사, 과수원 등에 접목하여 원격·자동으로 작물과 가축의 생육환경을 적정하게 유지·관리할 수 있는 농장을 의미함.

○ 현 정부의 창조농업과 관련하여 농업에서도 IT-BT-NT 융합화에 의한 농업 신성장동력을 발굴하기 위해 노력하고 있으며 그중 ICT 기술을 결합한 미래 산업으로서 스마트 팜이 주목되고 있음.

○ 농림축산식품부에서는 시설원예, 과수, 축산 등에 첨단화 및 데이터 기반의 과학적 영농을 위한 스마트 팜 확산사업을 주요 정책과제로 추진하고 있음.

○ 정책의 주요 핵심 내용은 ICT 융복합 스마트 팜의 현장 적용 분야·적용 수준 등에 대한 현황 파악을 바탕으로 향후 적용 확대 가능 분야 및 품목 확대 가능성 등 외연을 넓히기 위한 정책 발전방향을 모색하고, 농업·농촌에 ICT

를 조속히 접목·확산하여 생산성 제고와 더불어 생산·유통·소비·방역 등 다양한 분야의 효율성 제고 및 새로운 부가가치를 창출하는 것임.

○ 이에 따라 농림축산식품부는 2013년 '농식품 ICT 융복합 확산대책'을 마련하여 생산, 유통, 소비 등 부문별 ICT 융복합 현황을 진단하고, 스마트 팜 보급, R&D, 산업생태계 조성 등을 위한 정책 기본방향을 설정하였음. 이후 2014년부터 시설원예, 축산 분야를 중심으로 스마트 팜의 본격적인 현장 확산을 추진하였음.

○ 그러나 첫 해인 2013년 보급 실적은 시설원예 60ha, 축산 30호에 머물면서 본격적인 확산을 위한 체계적이고 실효적인 추진기반이 요구되었음. 2015년 현재 820농가에 스마트 팜이 보급·지원되었으며, 성공한 농가는 62호로 성공률은 7.6%에 그쳐 저조한 실정임.

○ 이에 2015년에 창조농식품정책관실이 출범하면서 농식품부 내에서 산발적으로 운영되던 스마트 팜 추진체계를 일원화하였고, 원예, 축산 등 관련 부서와 함께 시설현대화사업과 연계하여 신속하게 현장에 보급 확대를 추진하고 있음.

○ 향후 정책방향은 2017년까지 시설원예 4,000ha(시설현대화 면적의 40%), 축산농가 700호(전업농의 10%) 및 과수농가 600호(과원 규모화농가의 25%)에 스마트 팜을 보급하는 것임. 또한 선도농가를 중심으로 스마트 팜 우수사례를 지속적으로 발굴·홍보해 농업인의 인식 제고를 도모하고 있음.

○ 그러나 아직까지 우리나라의 스마트 팜은 발전 초기인 데다, 농가 역시 막상 스마트 팜을 어떻게 운영해야 할지 모르는 경우가 대부분임. 이는 스마트 팜이 생산성 향상, 품질 향상, 노동력 절감 효과가 큼에도 기존 농가들이 따라갈 수 있는 모델이 없거나 효과에 대한 확신이 없기 때문임.

○ 따라서 스마트 팜의 운영 실태와 발전방안을 제시하기에 앞서 스마트 팜의 선도농 사례들을 종합하여 성공 요인을 살펴보고, 성공한 선도농이 어떤 이유에서 성공하였는지를 밝힘으로써 기존 농가들이 쉽게 스마트 팜을 이해하고 시장에 진입할 수 있는 계기를 마련할 필요가 있음.

○ 또한 성과 요인을 유형별로 농작업의 자동화, 비용절감, 품질 향상, 생산성 향상, 편농 등으로 분류하고, 스마트 팜 도입 이전과 이후의 성과 비교, 도입에 의한 목적 달성 정도, 운영상 문제점 등을 분석하여 향후 보급 확대 시 성공률을 높일 수 있는 정책방안을 제시할 필요가 있음.

2. 선행연구 검토 및 차별성

○ 유남현 외(2009)는 군사, 의료, 환경, 산업현장, 물류 분야 등에서 다양하게 응용되고 있는 유비쿼터스 센서 네트워크(USN) 기술을 적용하여 농산물 생산, 가공, 유통 및 판매 분야에서 활용할 수 있는 통합시스템을 연구하였음.

○ 서종성 외(2008)는 토양 및 기상센서와 CCTV 카메라를 이용하여 온실 기상환경 및 토양정보를 수집하고, 온실설비의 실시간 모니터링 및 제어가 가능한 USN 기반의 온실관리시스템을 연구하였음.

○ 정용균 외(2009)는 농어업경영체 정보화와 관련된 정보화 정책환경을 분석하고, 농어업경영체 및 타 산업경영체 정보화 사례와 선진기술 동향 등을 포함한 해외사례를 분석하였음.

○ 김상태 외(2012)는 2010년도 농수축산 분야 IT 융합 모델화사업을 중심으로 대표 품목 과제에 대한 ROI 분석[1]을 통해 IT 융합모델화사업 성과지표를 확

립하고, 이에 대한 성과분석을 실시하였음.

○ 유찬주·이영만(2008)은 정보화 사회 진전과 정보화 격차 해소를 위해 정보화 취약계층인 농업인의 정보 활용 및 수용태도를 조사하고, 정보화 수용태도가 농가경제 향상에 미치는 영향을 분석하였음.

○ 김연중 외(2013)는 스마트 농업의 현황, 개념 및 필요성을 정리하고 각 분야별 도입 가능 기반 기술 및 국내외 사례 검토를 통해 스마트 농업 도입을 위한 정책방향을 제시하였음.

○ 본 연구는 스마트 팜 보급 이후 실제 농가의 적용 정도와 성과를 분석하고 이를 유형화함으로써 기존 관행농가들의 스마트 팜 진입을 용이하게 하기 위한 것이 목적으로 기존 연구와 차별성이 있으며, 스마트 팜의 확대 가능성과 발전방향 제시의 기초적인 자료로 활용하는 데 그 목적이 있음.

---

1 총괄적인 경영 성과를 분석하는 지표는 투자에 대한 수익률을 나타내는 것으로 ROI =(순이익/매출액)×(매출액/총자산)=매출액순이익율×총자산회전율=매출마진×총자산회전속도로 계산됨.

3. 연구 범위와 방법

○ 스마트 팜의 범위는 <그림 1-1>에서 보는 바와 같이 생산, 유통, 경영, 농업·농촌 부문으로 광범위함. 그러나 우리나라의 스마트 팜은 아직 초기단계이므로 본 연구에서는 생산 부문만을 집중하여 다루기로 하였음.
- 시설원예, 노지과수, 축산 등의 부문별 보급 실태는 농림축산식품부의 권역별 현장지원센터(전 농업기술원)에서 관리하는 농가 927호를 중심으로 스마트 팜 운영 실태를 분석하였음.
- 스마트 팜의 도입 성과는 농림축산식품부에서 실시한 스마트 팜 선도농가 67호에 대한 조사 결과를 토대로 실제 경영비 및 노동력 절감 효과를 중심으로 분석하였음.
- 또한 스마트 팜 도입 성과 이외에 도입 만족도, ICT 활용 수준, 스마트 팜 도입 목적 등은 이 선도농가들의 응답을 빈도 분석하여 제시하였음.

그림 1-1. 스마트 팜 연구의 범위

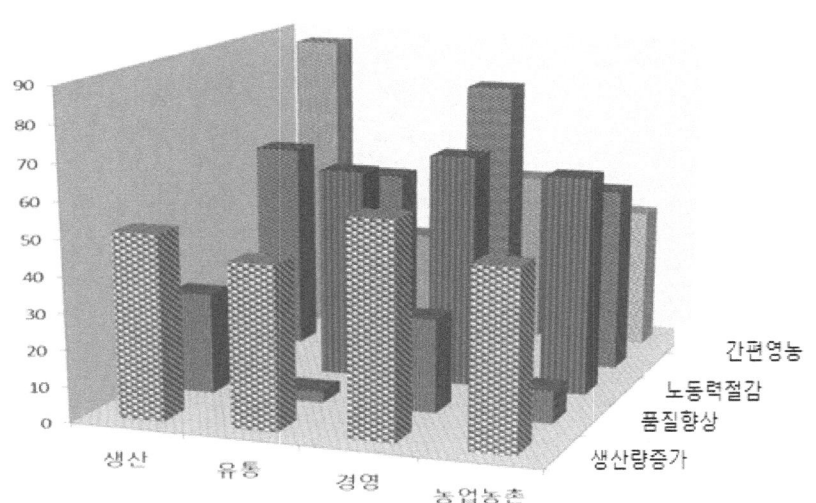

○ 한편, 스마트 팜 현황과 관련된 자료는 농림축산식품부 창조농식품정책과의 내부자료와 농촌진흥청의 자료를 이용하였음.
  - 주요 자료는 농업경영체 DB 중 ICT 기술을 이용하고 있는 농가자료와 농림축산식품부의 농정자료집 및 스마트 팜 관련 주요 기업 현황, 농촌진흥청 온실유형 조사결과 보고서(2016) 등임.

제2장

스마트 팜의 정의와 정책 추진 경과

1. 농업 분야의 ICT 융복합의 필요성

1.1. 농업의 지속성장의 한계

○ 2004년 한·칠레 FTA 체결 이후 EU, 미국, 중국 등 거대 경제권과 동시다발적 FTA가 추진되면서 사실상 전면 개방화체제에 편입되었음.
  - 2015. 12월 현재 FTA는 발효 및 타결이 53개국(15건), 진행이 20개국(6건), 준비가 19개국(7건)임.

○ 우리나라는 지속적인 농가인구 감소와 고령화로 노동 투입 중심의 영농 방식이 한계에 달하고 있으며, 농업 분야의 실질 자본투자도 위축되고 있음.
  - 농가인구수는 1995년 485만 명에서 2014년 275만 명 수준으로 감소하였음.
  - 농가인구 중 65세 이상의 비중은 동 기간 16.2%에서 39.1% 증가하였고 실질자본투자 역시 1995~1997년 7조 원에서 2008~2014년 3.4조 원으로 위축되었음.

○ 1인당 시설면적은 0.6ha로 여전히 영세한 상황이며, 호당 온실규모도 네델란드 등 선진국의 40% 수준에 불과함.

○ 시설농업의 생산성도 아직까지는 네델란드 등 선진국에 비해 1/2~1/6 수준(선도농 기준)이며, 정확한 데이터가 아닌 경험과 직관에 의존하여 작물을 생산하고 있어, 농업 자재·에너지 과다 투입 및 불필요한 노동력 투입도 증가는 추세임.

1.2. ICT 기술의 농업 접목 필요성 증대

○ 세계 각국에서도 ICT를 활용하여 산업 경쟁력을 높이고 부가가치를 창출하기 위해 다양한 노력을 하고 있으며, 사물인터넷(IoT) 등 타 부문과의 융합이 가속화되는 추세임.
  - 사물인터넷은 2020년까지 전 세계 기업 총이익을 21% 성장시키는 잠재력을 지닌 기술임.
  - 제조업 분야는 사물인터넷을 통한 완전 자동생산체제 구축 및 모든 생산 공정이 최적화되는 차세대 산업혁명(industry 4.0)을 지향하고 있으며, 독일의 경우 사물인터넷을 통한 생산공정 최적화로 고객별 맞춤 상품을 대량생산에 버금가는 속도와 비용으로 생산해 신흥국과 경쟁하고 고령화로 인한 노동력 부족에 대응하고 있음.

○ 각국에서는 농업 분야 역시 시설농업, 축산, 과수 등 다양한 분야에 ICT를 활용하여 경쟁력을 높이고 새로운 부가가치를 창출하고 있음.

표 2-1. 주요 선진국의 농업 분야 ICT 활용 사례

구분		추진내용
시설 원예	네덜란드	• 불리한 농업환경을 자동화 온실 등 첨단 농법으로 극복 • 첨단유리온실이 핵심으로 적기 수분 공급, 비료배합 등 관리업무 자동화를 통한 최적의 생산재배 조건을 유지
	이스라엘	• 재배환경 모니터링 분야의 선두주자로 농작물의 크기, 줄기의 변화, 잎의 온도 등 농작물 생장정보를 자동 측정, 급수 주기와 급수량 자동조절 등으로 정확한 수확량 예측 • 농작물 스트레스 감지 센서 개발로 생산량 40% 증대
양돈	덴마크	• 농가, 도축장, 가공공장 등 돼지 사육에서 판매 전 단계 자동화(양돈농장 관리프로그램 사용)로 고품질 돈육 생산 및 수출
	독일	• 양돈 사양관리에 RF형 사료급이기 등 IT 컨버전스화된 과학적 시설설비를 제작·보급 • 가축분뇨 자동분리시스템 활용으로 습기저감, 청소 및 소독 간편, 폐사율 저하, 온실가스 감축 등의 효과
과수	일본	• 농산물 생산 과정의 온습도 변화 감지를 위해 농장에 센서 설치, 관련 데이터의 측정·분석을 통해 생산 환경 개선 • 적외선 센서를 이용한 농작물 도난방지 시스템 도입

자료: 농림축산식품부 박근혜정부 농정 중간보고서(2016: 10).

○ 우리나라도 경제·사회 전반에서 사물인터넷 기술을 중심으로 ICT 융복합 확산이 가속화되고 있으며, 농업·농촌에 조속히 접목·확산하여 농업생산의 획기적인 생산성 제고와 더불어 유통·소비·방역 등 다양한 분야의 효율성 제고 및 새로운 부가가치 창출이 필요함.

○ 또한, ICT 등 첨단기술에 상대적으로 익숙한 귀농·귀촌 인구가 증가하고 있으며, 한국농수산대 등을 통해 젊은 후계농업인력 배출이 확대되고 있는 점도 농업 분야 ICT 접목의 기회요인으로 작용할 것으로 예상됨.
  - 우리나라 귀농·귀촌 가구수는 2013년 3만 2,424호에서 2014년 4만 4,586호로 37.5% 증가하였음.
  - 2013년 매출액 1억 원 이상 농가수는 3만 명을 상회하는 수준임.

2. 스마트 팜의 개념

2.1. 협의의 스마트 팜

○ 스마트 팜을 좁은 개념으로 한정하면 ICT를 비닐하우스·축사·과수원 등에 접목하여 원격·자동으로 작물과 가축의 생육환경을 적정하게 유지·관리할 수 있는 농장을 의미함.

○ 스마트 팜은 작물 생육정보와 환경정보 등에 대한 정확한 데이터를 기반으로 언제 어디서나 작물, 가축의 생육환경을 점검하고, 적기 처방을 함으로써 노동력·에너지·양분 등을 종전보다 덜 투입하고도 농산물의 생산성과 품질 제고가 가능한 농업을 말함.

○ 스마트 팜 운영원리는 첫째, 생육환경 유지·관리 SW로 온실·축사의 온습도, CO_2 수준 등 생육조건을 설정, 둘째, 온습도, 일사량, CO_2, 생육환경 등을 자동으로 수집해 환경정보를 모니터링, 셋째, 자동·원격으로 냉·난방기 구동, 창문개폐, CO_2, 영양분·사료 공급 등 환경을 관리하는 것 등임.

그림 2-1. 스마트 온실 구성도

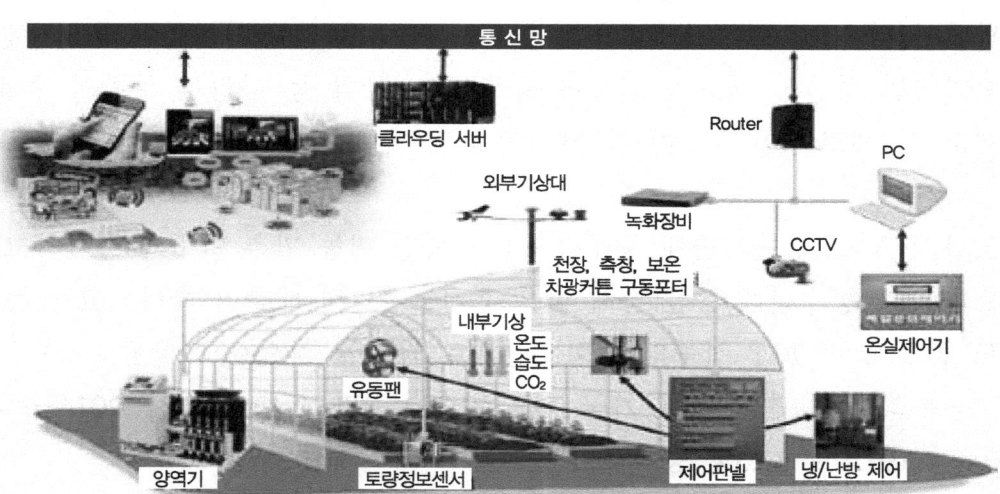

자료: 농림축산식품부 박근혜정부 농정 중간보고서(2016: 13).

○ ICT를 접목한 스마트 팜이 보편적으로 확산되면 노동·에너지 등 투입 요소의 최적 사용을 통해 우리 농업의 경쟁력을 한층 높이고, 미래 성장산업으로 견인이 가능함.
  - 단순한 노동력 절감 차원을 넘어서 농작업의 시간적·공간적 구속으로부터 자유로워져 여유 시간도 늘고, 삶의 질도 개선되어 우수 신규인력의 농촌 유입 가능성도 증가할 것으로 예상됨.

2.2. 광의의 스마트 팜

○ 농업과 ICT의 융합은 생산 분야 이외에 유통·소비 및 농촌생활에 이르기까지 현장의 혁신을 꾀할 수 있도록 다양한 형태로 적용될 수 있으며, 이를 광의의 스마트 팜이라 할 수 있음.

○ 생산·유통·소비 등 농식품의 가치사슬(value-chain)에 ICT를 융복합하여 생산의 정밀화, 유통의 지능화, 경영의 선진화 등 상품, 서비스, 공정 혁신 및 새로운 가치를 창출하는 것을 의미함.

표 2-2. 농업과 ICT 융복합의 주요 유형 및 사례

구분		추진내용

생산	시설원예 환경제어	● 센싱기반 시설물 제어 및 생장환경 관리
		  - 환경센서: 온습도, CO_2, pH, LED,
		  - 시설센서: 정전센서, 창문, 차양, 환풍기 등

	지능형 축사관리	● 센싱기반 축사환경 제어 및 사양·질병관리
		  - 환경 및 시설센서: 온·습도, 암모니아, CCTV 등
		  - 웹 기반 클라우드 서비스

유통	산지유통센터 ERP	● 유통센터 경영 및 생산·가공·유통 관리
		● POS-Mall 및 가상스토어를 통한 농산물 전자거래
		  - ERP(입고-선별-가공-포장-저장-출하)
		  - SCM(수·발주), POS, NFC 등

소비	식재료 안심유통	● 학교급식 등 식재료 안전·안심 정보 모니터링 ● 생산/가공/유통 이력·인증정보 제공 - RFID 기반 이력추적관리(Farm 2 Table)

구분		추진내용
농촌	u-농촌관광	• 농촌관광(체험정보, 주말농장, 문화, 축제 등) - GIS/GPS기반 위치정보 서비스 - 문화재, 관광지 등 화재센서 서비스

자료: 농림축산식품부 박근혜정부 농정 중간보고서(2016: 14).

○ 사물인터넷(IoT)·기계화에 기반한 농업생산, POS-Mall을 통한 전자상거래 등 유통, RFID에 기반한 농산물 이력추적관리 등 다양한 분야에서 이용할 수 있으며, 동물방역통합시스템(K AHIS)을 통해 질병 발생지역을 중심으로 신속히 방역대를 설정하고 취약농가 소독, 이동제한 등 효율적 방역 실시가 가능함.

○ 스마트 팜 맵(농경지 전자지도) 기반으로 주요 수급품목에 원격탐사를 통해 재배면적, 생육현황 및 생산량 예측 등 정밀한 작황 추정이 가능함.

○ 기존 농기계에 ICT 전자부품을 접목하면 정밀농업, 스마트 농업 실현 가능함.

그림 2-2. 광의의 스마트 팜 추진 현황

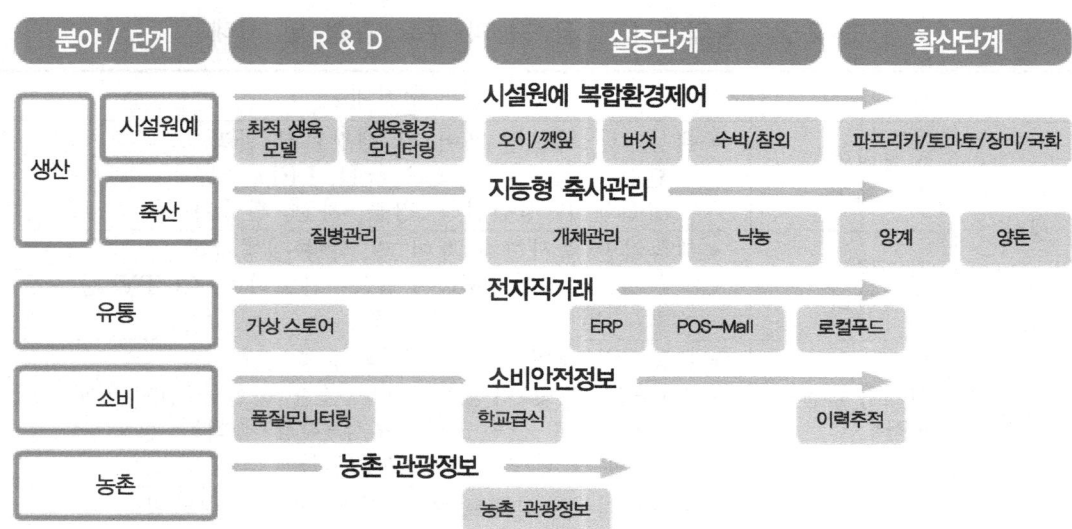

자료: 농림축산식품부 박근혜정부 농정 중간보고서(2016: 14).

3. 우리나라 스마트 팜 정책의 추진 경과

3.1. 시설현대화 사업 추진

○ 1968년부터 융자, 보조 등 다양한 방식을 통해 비닐하우스 설치를 지속적으로 지원해 왔으나, 신축 중심으로 실시되어 2000년대 이후 10년 이상된 온실이 97%를 차지하는 등 생산시설의 노후화가 진행되었음.

○ 여기에 2007년 한·미 FTA가 타결되면서 '한·미 자유무역협정 체결에 따른 농업 부문 국내보완대책'의 일환으로 10년간('08~'17) 5천억 원 규모의 정책자금을 투입해 노후화된 비닐온실 등의 현대화를 추진하였음.
  − 온실 증축, 내재해성 강화, 측창개폐기 등 자동화기기 도입 등 원예 시설의 구조 개선과 운영 효율화를 집중적으로 지원하였음.

○ 2009년부터는 '농업에너지이용효율화사업'을 도입해 다겹보온커튼, 지열냉난방설비와 같은 신재생에너지시설로 지원대상을 확대하였음.

○ 이러한 개방화 대책에 힘입어 시설원예 생산액은 1990년 0.8조 원에서 2010년 5.3조 원으로 6배 이상 증가하였고, 시설원예의 규모화도 촉진되었음.
  − 호당 시설원예 면적은 2005년 0.37ha에서 2012년 0.60로 증가하였음.

3.2. 농업과 ICT 융합을 위한 연구개발과 정책 추진

○ IT 산업을 체계적으로 육성하기 위한 'IT 839전략[2]'의 일환으로 여러 산업

---

[2] 2004년 3월 국민 소득 2만 달러 조기 달성을 위한 정책의 일환으로 정보통신부가 수립한 IT산업 개발 전략. 8은 8대 신규 서비스(휴대인터넷, 홈네트워크 등), 3은 3

분야에 걸친 유비쿼터스-IT(u-IT) 기술 검증사업을 추진하였음.

○ 농업 분야에서도 지식경제부(정보통신부) 주관으로 'u-Farm 선도사업'을 실시해 25개 시험모델을 운영('04~'09년)하였음.
 - 센서를 활용한 최적 생장환경 구현과 전자태그(RFID)를 활용한 이력추적시스템 등 농식품 분야와 IT기술의 융합 가능성을 확인했으나, 소규모 실증실험 단계에 머무름.

○ 2010년 농림수산식품부로 '농수축산분야 u-IT사업'이 이관되면서 농업 경쟁력 향상을 목표로 한 생산 정밀화 모델 개발이 본격화되고, 생산성 향상 등의 성과가 가시화되었음.
 - 매년 ICT 융복합 모델 발굴사업을 진행해 시설원예, 축산, 유통 등 총 20건의 모델 개발 및 현장 실증을 추진('10~'13년)하였음.
 - 시설원예 분야는 관련 모델 발굴사업이 가장 많이 시도되었고, 기술개발도 진전되면서 토마토, 파프리카 등 일부 품목은 확산 가능한 수준에 도달하였음.
 - 축산 분야는 시장 규모가 큰 양돈을 중심으로 사료 자동급이 시스템 등 핵심 시설과 운영모델 등이 현장 적용 단계에 진입하였음.

○ 한편, 시설원예 분야에 대한 정책적 지원에 힘입어 파프리카 등을 재배하는 선도농가를 중심으로 네덜란드 등 선진국의 유리온실과 관리 S/W를 도입하여 적용하는 사례도 등장했으나, 국내 기술은 R&D 수준에 머무르며 시설현대화와 연계되지 못하였음.

대 인프라(광대역통합망, 유비쿼터스 센서 네트워크 등), 9는 9대 신성장동력(차세대 이동통신, 임베디드 소프트웨어 등)을 의미.

3.3. 농업의 스마트화 본격 추진

○ 그동안의 R&D 지원으로 농업 현장에 확산 가능한 스마트 팜 모델이 정립됨에 따라 박근혜 정부부터는 시설 증·개축 등 H/W 위주 접근 방식에서 탈피하여 ICT를 접목한 농업의 스마트화를 중점 추진하였음.

○ 2013년 '농식품 ICT 융복합 확산대책'을 마련해 생산, 유통, 소비 등 부문별 ICT 융복합 현황을 진단하고, 스마트 팜 보급, R&D, 산업 생태계 조성 등 정책 기본 방향을 설정하였음.

○ 2014년부터 시설원예, 축산 분야를 중심으로 스마트 팜의 본격적인 현장 확산을 추진하였으나 첫해 보급실적은 시설원예 60ha, 축산 30호(목표: 330ha, 80호)에 머물면서 본격적인 확산을 위한 체계적이고 실효적인 추진기반이 요구되었음.

○ 이후 2015년 1월 창조농식품정책관실 출범과 더불어 농식품부 내에서 산발적으로 운영되던 스마트 팜 추진체계를 비로소 일원화하고, 원예, 축산 등 관련 부서와 함께 시설현대화사업과 연계하여 신속한 현장 보급을 추진하였음.
    – 이와 함께, 정책자금 지원, R&D, 교육·훈련, 관련 기업 육성 등 스마트 팜과 관련된 전반적인 산업 생태계를 조성하기 위한 'ICT기반 첨단 농업·행복한 농촌 조성방안'을 마련하여 추진하였음.

4. 스마트 팜 정책 목표 및 방향

4.1. 스마트 팜 정책 목표

○ 정부의 정책 목표는 스마트 팜을 집중 보급해 농가 생산성 향상 및 농업 경쟁력을 강화하고 스마트 팜 관련 산업의 선순환 생태계를 조성하는 것을 골자로 하고 있음.

○ 이에 2017년까지 시설원예 4,000ha(시설현대화 면적의 40%), 축산농가 700호(전업농의 10%) 및 과수농가 600호(규모화된 과원농가의 25%)에 스마트 팜을 보급할 계획임.
　　- 시설원예는 ICT 융복합 시설 설치가 가능한 현대화된 시설('14년 기준 11,700ha)의 40% 수준까지 스마트 팜을 보급할 계획임.
　　- 축산 분야는 양돈·양계 중심에서 젖소, 한우 등 축종별 모델 개발을 순차적으로 진행해 축산 전업농의 10% 수준인 700호까지 단계적으로 확대할 계획임.

표 2-3. 2017년 스마트 팜 보급목표

분류		목표	내용
시설원예	첨단수출형	600ha	파프리카, 토마토, 화훼 등 첨단온실에 기반한 주요 수출품목 시설면적 전체(100%)
	연동복합형	2,400ha	오이, 딸기 규모화·현대화가 진전된 연동형 온실(7,853ha)의 30% 수준
	단동간편형	1,000ha	참외, 수박 주산지 단동형 온실(10,719ha)의 10% 수준
축산	양돈	310호	주요 축종별 전업농의 10% 수준
	낙농	230호	
	양계	160호	
노지	과수	600호	규모화된 과원농가의 25% 수준

자료: 농림축산식품부 박근혜정부 농정 중간보고서(2016: 21).

- 노지 분야는 과원규모 1.5ha 이상, 농산물 판매액 1억 원 이상 농가 (2,582호)의 25% 수준인 600호까지 확대할 계획임.

○ 스마트 팜 보급 확대와 운영 성과 제고를 위한 교육 등 현장지원 체계를 강화하여 스마트 팜 도입농가의 생산성을 30% 향상하는 데 중점을 둘 계획임.

○ 여기에 스마트 팜에 대한 정부 투자 및 시장 확대를 기반으로 관련 산업이 동시에 발전하는 선순환 생태계 조성을 목표로 하였음.
  - 정부 주도의 스마트 팜 확산 및 우수사례를 창출하여 스마트 팜 수요를 확대하고 관련 산업의 기술 발전을 도모하여 스마트 팜의 전체적인 단가 인하를 이끌어 스마트 팜 보급 확대를 모색하고 있음.
  - 시설설치 지원, R&D 등 정부의 초기 투자가 시장 확대로 이어져 관련 업체의 경쟁력을 높이고 수출산업으로까지 도약할 수 있도록 지원할 방침임.

4.2. 스마트 팜 정책 방향

○ 정부의 스마트 팜 정책 기본방향은 정책자금 지원, R&D, 교육훈련, 기업육성 등의 종합적 접근과 더불어 스마트 팜 확산의 장애 요인을 제거해 보급을 가속화하고 관련 산업 성장기반을 다지는 것임. 세부적인 내용은 다음과 같음.

○ 첫째, 시설현대화 사업과 스마트 팜 보급을 동시에 추진해 ICT 융복합 시설 도입이 가능한 기반 자체를 확대하고, 농가의 투자 부담을 완화함.

○ 둘째, 스마트 팜 도입에 따른 생산성 향상, 노동력 절감 등의 성과를 객관적으로 분석·홍보해 농업인이 자발적으로 스마트 팜을 도입하도록 유도함.

○ 셋째, 관련 기자재 및 생육관리 등 스마트 팜의 핵심 부품 및 기술을 국산화·표준화해 우리 농업 환경 및 여건에 맞는 한국형 스마트 팜 모델을 만들고 단가를 인하함.

○ 넷째, 농업인과 관련 인력이 ICT 활용 능력 및 작목별 전문성을 갖춰 현장에서 스마트 팜의 효과를 100% 발휘할 수 있게 지원하는 것임. 또 농업인에게 꼭 필요하나 기업이 충족시키지 못하는 A/S와 같은 핵심 기능을 정부에서 지원해 농가의 애로사항을 해소하고, 관련 기업도 성장할 수 있는 발판을 마련하는 것임.

제3장

스마트 팜 부문별 보급 실태

1. 스마트 팜 보급 현황 및 실태

1.1. 스마트 팜 보급현황

○ 시설원예 부문의 스마트 팜 보급면적은 **1,258ha**, 전체 시설면적의 **1.9%** 수준에 불과함.

표 3-1. 시설원예 스마트 팜 보급 현황

단위: 호, ha, %

구분		농가수(호)	시설면적(ha)
전체시설(A)		151,496	64,528
ICT 시설	정부지원	1,047	769
	민간 등	1,578	489
	계(B)	2,625	1,258
비율(B/A)		1.7	1.9

주: 농업경영체 통계 기준이며 축산시설은 제외되었음.
자료: 농림축산식품부 농업경영체 등록 농업시설현황 실태조사자료(2015).

○ 노지과수 스마트 팜(2015년 현재) 보급개소는 453개소(농식품부 자료)로 파악되며 주요 과실류(사과, 배, 복숭아, 감, 포도, 감귤 등) 재배농가(약 23만 3천 호)의 0.2% 수준으로 추정
  - 사과의 스마트 팜 재배 비중이 가장 크며, 복숭아, 배 등이 일부 있는 것으로 파악됨.

○ 축산 부문 스마트 팜 보급 개소(2015년 현재)는 261개소(농식품부 자료)로 파악되며 양돈과 양계가 중심임. 그러나 전년도(30~40개소로 추정) 대비 성장률은 매우 빠른 것으로 판단됨.
  - 2014년 전체 축산농가 기준 0.2% 수준, 양돈 및 양계로 한정할 경우 0.5%를 점유하고 있음.

표 3-2. 축산 부문 주요 축종의 스마트 팜 보급 현황

구분	한우	젖소	양돈	양계	기타	전체
전체 농가	98,372	8,454	4,991	42,004	2,172	155,993
스마트 팜 도입농가	1	37	179	40	2	261
비중(%)	0.0	0.4	3.6	0.1	0.1	0.2

주: 축산 부문은 통계데이터 부재로 스마트 팜 보급 기업의 자료를 근거로 산출.
자료: 농림축산식품부 농업경영체 등록 농업시설현황 실태조사자료(2015).

○ 시설원예 및 축산 부문의 스마트 팜 관련 정부 지원 면적은 꾸준히 증가하였음. 특히 2015년 시설원예 부문은 364ha, 축산 부문은 156호에 대한 지원이 실시되면서 이전 연도 대비 급속한 증가세를 보이고 있음.

표 3-3. 연도별 정부지원 현황

구분	~2013	2014	2015	계
시설원예(ha)	345	60	364	769
축산(호)	-	30	156	186

자료: 농림축산식품부 창조농식품정책과(2015. 1.).

1.2. 부문별 보급 실태

○ 부문별 보급 실태는 전체 스마트 팜 농가 중 농림수산식품부의 권역별 현장지원센터(전 농업기술원)에서 관리하는 농가 927호를 중심으로 스마트 팜 운영 실태를 분석하였음.
  - 이들 농가는 정부·지자체 및 농촌진흥청의 시범보급 농가 전수와 민간 자체보급 농가로 구성되었음.
  - 부문별 농가수는 시설원예가 760호, 과수 93호, 축산 74호임.

1.2.1. 시설원예 부문

○ 스마트 팜 보급농가 927호 중 시설원예 분야의 스마트 팜 적용 농가는 760호 (전체 농가의 82%)로 스마트 팜은 대부분 시설원예 분야에 집중되어 있음.

표 3-4. 시설원예 스마트 팜 농가의 온실 형태

구분	단동	연동	유리온실	계
농가(호)	171(22.5%)	323(42.5%)	266(35.0%)	760(100.0)
면적(ha)	61(8.8%)	213(30.8%)	418(60.4%)	692(100.0)

자료: 농림축산식품부 내부자료(2016).

○ 이들 시설원예 농가의 온실형태는 유리온실과 연동온실이 전체의 78% 수준임. 특히 면적을 기준으로 할 경우 유리온실과 연동온실이 91%를 점하고 있어 스마트 팜을 도입하고 있는 시설원예 농가 대부분은 선진적인 온실형태를 보유하고 있는 것으로 파악됨. 이는 스마트 팜의 시스템 적용이 비교적 선진화되고 규모화된 온실시스템에서 구현되기 쉽기 때문임.

○ 그러나 스마트 팜 도입 활성화를 위해서는 우리나라 대부분을 차지하는 일반(소규모 단동) 시설농가들을 대상으로 하는 저비용 고효율 스마트 팜 시스템의 설계도 지역과 작목에 따라 필요할 것으로 보임.

○ 스마트 팜 농가들의 재배규모는 1ha 이상이 65%로 나타나 대규모 농가 중심으로 스마트 팜이 활용되고 있음. 호당 평균 재배면적은 0.9ha로 전체 시설원예 평균면적(0.6ha)보다 50% 이상 큰 규모임.

표 3-5. 스마트 팜 재배면적 현황(시설원예)

구분	1천 평 이하	1~3천 평	3천 평 이상	합계
농가(호)	261(34%)	290(38%)	209(28%)	760
면적(ha)	66(9%)	178(26%)	447(65%)	691

자료: 농림축산식품부 내부자료(2016).

○ 시설원예 부문의 품목별 스마트 팜 농가호수는 파프리카와 토마토가 230호 내외로 비슷한 반면, 재배면적은 파프리카가 전체의 절반에 이르는 것으로 나타났음. 이는 유리온실과 연동형 온실 재배작물이 파프리카를 위주로 구성되었기 때문임.
  - 또한 파프리카의 경우, 여러 번 수확하는 다른 시설작물과 달리 비교적 수확작업이 한번에 이루어져 농장 관리가 용이한 것도 원인임.

표 3-6. 스마트 팜 농가의 재배 품목(시설원예)

구분	파프리카	토마토	딸기	화훼	기타	합계
농가(호)	233(31%)	224(30)	79(10)	27(4)	197(25)	760
면적(ha)	363(52%)	168(24)	39(6)	26(4)	95(14)	691

자료: 농림축산식품부 내부자료(2016).

○ 한편, 이들 농가 중 수출에 참여하는 농가비율은 34% 수준이며 이들의 면적 비율은 전체의 58%(399ha)로 수출 기여도가 큰 편임.

○ 스마트 팜 농가의 연계시설 활용은 주로 파프리카와 토마토 위주로 활용률이 높은 가운데 양액재배와 이산화탄소 공급과 관련한 연계시설의 활용도가 높았음.

− 신재생에너지의 경우 활용농가가 108호로 비교적 적으나 면적 비중은 30%로 큰 편이었음. 이는 지열, 공기열 등 신재생에너지 시스템을 비교적 큰 면적에 적용해야 비용 감소 효과가 있기 때문임.

표 3-7. 스마트 팜 농가의 연계시설 활용(시설원예)

구분	신재생에너지	CO_2	양액재배	보광시설
농가(호)	108(14%)	332(44%)	442(58%)	105(14%)
면적(ha)	209(30%)	455(66%)	527(76%)	131(19%)

자료: 농림축산식품부 내부자료(2016).

○ 한편 스마트 팜 농가들 중 생육 정보를 수집하여 생장환경에 맞게 환경정보를 조절하는 수준 높은 농가는 29%(223호)에 그쳤으며, 단순히 내외부 온도 조절 및 자동개폐 등 중간 수준 이하의 시설을 보유한 농가들이 많이 분포되어 있는 것으로 나타났음.

○ 이들 농가의 스마트 시스템 국산화율은 72% 수준이나 대부분 단동 및 연동 온실에 적용되었으며 유리온실은 외국산의 비율이 85%에 육박하여 첨단화된 시설일수록 외국산 시스템(프리바, 네타핌, 호티맥스 등)의 활용비중이 높은 것으로 나타났음.

1.2.2. 과수 및 축산 부문

○ 과수 부문 스마트 팜은 경북, 경기 지역의 사과농가를 중심으로 대규모 시설에 보급(평균 3ha)되어 있으며, 제주는 한라봉·감귤 등에 일부만 적용되어 있음.
  − 사과의 경우 전체 농가호수는 22% 수준이나 면적 기준으로는 60%를 점유하고 있어 과수 부문의 스마트 팜은 사과를 위주로 전개되고 있음.
  − 그러나 노지과수의 경우 환경제어가 어렵고, 토양 자체의 성분 다양성으로 비교적 시설원예에 비해 보급이 어려운 편임.

○ 과수농가의 스마트 팜 활용은 관수와 관비(83호, 84ha) 및 병해충 예찰(53호, 69ha) 중심으로 활용되고 있으며 배·사과농가 등에서 조류 퇴치기, 방상팬 등이 일부 활용되고 있음.

표 3-8. 스마트 팜 재배면적 현황(과수)

	배	사과	감귤류	만감류	기타	계
농가(호)	13 (14.0%)	20 (21.5%)	7 (7.5%)	17 (18.3%)	36 (38.7%)	93 (100.0%)
면적(ha)	18.1 (17.3%)	63.1 (60.1)	2.6 (2.5%)	6.5 (6.2%)	14.7 (14.0%)	105.0 (100.0%)

자료: 농림축산식품부 내부자료(2016).

○ 축산 부문 스마트 팜의 경우 대부분 양돈(69호)에 집중되어 있으며 평균 사육두수는 6.6천 두로 규모 있는 농가에서 스마트 축산이 이루어지고 있음.
　- 사료 자동급이기, 선별기, 음수 관리 및 CCTV를 주로 활용하고 있음.
　- 축산 부문의 스마트 팜 운용 수준은 최적 사료급이를 위하여 사양관리 데이터를 수집·분석하여 적용하는 수준 높은 농가가 49%(36호)로 시설원예보다는 높은 비중을 나타내고 있으며, 생산성 향상을 위해 정기적인 컨설팅을 받는 농가는 26%(19호)인 것으로 파악됨.

표 3-9. 스마트 팜 현황(축산)

	양돈	양계	낙농	계
농가(호)	69 (93.2%)	4 (5.4%)	1 (1.4%)	74 (100.0%)
두수(두)	455,887 (96.3%)	14,928 (3.2%)	2,400 (0.5%)	473,215 (100.0%)
평균두수(두)	6,607 (51.9%)	3,732 (29.3%)	2,400 (18.8%)	12,739 (100.0%)

자료: 농림축산식품부 내부자료(2016).

2. 스마트 팜 참여기업 현황 및 보급농가수

2.1. 스마트 팜 참여기업 현황

○ 2015년 현재 스마트 팜 참여기업은 34개소(농정원 등록기업 기준)이며 이 중 시설원예 관련 기업이 16개소(47.1%)로 가장 많고 과수 관련 업체 3개소(8.8%), 축산 관련 업체가 15(44.1%)개소임.

○ 스마트 팜 참여기업의 보급을 통해 스마트 팜을 운영하는 농가수는 1,640호이며, 이 중 시설원예 농가가 926호(56.5%)로 가장 많고 과수농가 453호(27.6%), 축산농가 261호(15.9%) 순임.

○ 스마트 팜 참여기업 개소당 보급농가수는 48.2농가이며, 시설원예 분야는 57.8농가, 과수는 151.0농가, 축산은 17.4농가로 과수와 시설원예 분야의 업체 개소당 보급 농가수가 많은 것으로 나타남.

표 3-10. 스마트 팜 참여기업 및 보급농가수

단위: 개소, %

	시설원예	과수	축산	계
참여업체수(A)	16(47.1)	3(8.8)	15(44.1)	34(100.0)
보급농가수(B)	926(56.5)	453(27.6)	261(15.9)	1,640(100.0)
개소당 보급수(B/A)	57.8	151.0	17.4	48.2

자료: 농림축산식품부 내부자료(2016).

○ 시설원예의 경우, 첨단형은 외산형 시스템이 대부분이며 보급실적이 있는 기업은 프리바, 홀티맥스 등 4개소임.

○ 복합형과 간편형 시스템을 보급한 기업은 11개소로 대표 기업은 그린씨에스, 우성하이텍, 나래트랜드 등임.

표 3-11. 시설원예 스마트 팜 기업 현황

구분		보급실적기업	비고
외산	첨단형	4	프리바, 홀티맥스, 네타핌 등
국산	복합형	6	그린씨에스, 우성하이텍 등
	간편형	5	TLC, 유비엔, 나래트랜드 등
합계		15	

자료: 농림축산식품부 내부자료(2016).

<설명>
○ 첨단형: 규모가 1ha 이상, 복합환경관리+신재생에너지시설 설치
○ 복합형: 규모가 0.5~1ha 연동, 복합환경관리+에너지절감시설 설치
○ 간편형: 규모가 0.5ha 미만, 단동, 간편환경관리(환기+보온+가온)

○ 축산 스마트 팜 기업 중 보급실적이 있는 기업은 11개 업체로 추산되며 환경관리와 자동급이기 시스템이 주를 이루고 있음.

○ 대표적 기업으로는 네답, 샤우어, 피그넷시스템, 리치피그, 코카, 에코시스템, 이지팜, 함컨설팅 등임.

표 3-12. 축산 스마트 팜 기업 현황

구분		보급실적기업	비고
외산	자동급이기	4	네답, 샤우어 등
국산	환경관리	2	피그넷시스템, 리치피그 등
	자동급이기	2	코카, 에코시스템 등
	사양관리 S/W	3	이지팜, 함컨설팅 등
소계		11	

자료: 농림축산식품부 내부자료(2016).

2.2. 부문별 시설원예 부문 참여기업 및 보급현황

2.2.1. 시설원예 부문 참여기업 및 보급현황

○ 시설원예 부문에 참여하고 있는 개별기업의 보급 농가수를 살펴보았음. 이 중 그린씨에스는 234농가에 스마트 팜 시스템을 보급하였고, 나래트랜드 228농가, 다이시스 131농가, 농정사이버가 100농가에 시스템을 보급하여 이 4개 업체가 전체 75% 이상을 차지하고 있음.

– 반면, 동우, 영남온실, 팜스코는 아직 보급실적이 없는 상태임.

표 3-13. 시설원예 부문의 참여기업 및 보급실적

분야	기업명	보급 실적(개)	기업명	보급 실적(개)
시설원예	그린씨에스	234	다이시스	131
	KT	20	대영지에스	68
	동우	-	영남온실	-
	신한에이텍	31	농정사이버	100
	우성하이텍	57	팜스코	-
	미푸코그린	-	맥스포	10
	TLC테크놀로지	31	아그리씨엔에스	10
	나래트랜드	228	퓨처텍	6
소 계				926

자료: 농림축산식품부 내부자료(2016).

2.2.2. 과수 부문 참여기업 및 보급 현황

○ 과수 부문에 참여하고 있는 업체들의 스마트 팜 시스템 농가보급수는 나래트랜드가 434농가, 그린아크로텍 10농가, 에피넷이 9농가로 과수 분야에서는 나래트랜드가 가장 많은 보급실적을 보이고 있음.

○ 시설원예 분야와 함께 과수 분야 역시 나래트랜드가 스마트 팜 보급에서는 독점적 지위에 있음. 이는 기술 보급의 평준화가 아직 더딘 상태이고, 표준화된 스마트 팜 기술 보급도 초기단계이기 때문임.

표 3-14. 과수 부문의 참여기업 및 보급실적

분 야	기업명	보급 실적(개)
과 수	에피넷	9
	그린아그로텍	10
	나래트랜드	434
소 계		453

자료: 농림축산식품부 내부자료(2016).

2.2.3. 축산 부문 참여기업 및 보급 현황

○ 축산 부문 스마트 팜 기업의 보급실적은 비교적 고른 분포를 보이고 있음.

○ 양돈 분야는 나래트랜드와 하이스가 각각 36개소로 시장을 선도하고 있는 가운데 코리아제네틱스, 코카, 동아지앤이 등이 비슷한 점유율을 유지하고 있음.

○ 낙농 분야는 편한소 한 개 업체가 37농가에게 보급하고 있고, 양계 분야에서 에쿨텍과 삼성산업, 양돈·양계 두 부문에 동시에 공급하는 업체는 어비트로 나타남.

표 3-15. 축산 부문의 참여기업 및 보급실적

분 야	기업명	보급 실적(개)	분 야	기업명	보급 실적(개)
양돈 (192)	아이온텍	10	낙농 (37)	dawoon	-
	하이스	36			
	코카	23			
	코리아제네틱스	20			
	동아지앤이	19			
	이지팜	5			
	함컨설팅	12		편한소	37
	에코시스템	31			
	바로텍	-	양계 (16)	에쿨텍	10
				삼성산업	6
	나래트랜드	36	양돈· 양계 (16)	어비트	16
소 계					261

자료: 농림축산식품부 내부자료(2016).

제4장

스마트 팜 성과 및 성공요인

1. 스마트 팜 선도농가의 성과 분석

○ 스마트 팜 도입농가의 성과분석은 KREI, 농림수산식품교육문화정보원, 서울대학교, 농식품부 자체 조사 등에서 이미 이루어졌으며 그 내용 역시 생산성 향상, 경영 성과 제고, 노동력 절감 등에서 기존 관행농업 방식보다 우월한 결과들이 많이 도출되었음.

○ 그러나 대부분 시설원예 분야에 집중되어 있고 성공요인 분류도 다양하여 이를 다시 재유형화할 필요가 있음.

○ 따라서 본 연구에서는 농식품부의 협조로 일반 스마트 팜 도입농가가 아닌 스마트 팜 도입농가 중 선도농가들의 경영 성과를 조사·분석하고 이를 공통적 요인과 부류별 요인으로 살펴보았음.

1.1. 조사개요 및 일반 현황

○ 스마트 팜 도입 선도농가 분석을 위하여 시설원예, 노지과수, 축산 등 스마트 팜 선도농가 67호(농림축산식품부 협조)에 대한 조사 결과를 분석하였음.

표 4-1. 스마트 팜 선도농가 조사 개요

	품목명	응답수(명)	비율(%)
시설원예	파프리카	11	16.4
	완숙토마토	10	14.9
	토마토	8	11.9
	딸기	5	7.5
	대추토마토	2	3.0
	방울토마토	2	3.0
	기타(수박, 오이, 참외 등)	4	6.0
	소계	42	62.7
노지과수	사과	4	6.0
	복숭아	2	3.0
	오미자	2	3.0
	배	1	1.5
	소계	9	13.4
시설화훼	분화류	3	4.5
	초화류	2	3.0
	국화	2	3.0
	절화류	1	1.5
	소계	8	11.9
축산	양돈	3	4.5
	낙농	1	1.5
	육계	1	1.5
	소계	5	7.5
시설육묘	딸기육묘	1	1.5
	만차랑단호박묘	1	1.5
	소계	2	3.0
시설버섯	표고버섯	1	1.5
	소계	1	1.5
	합계	67	100.0

○ 전체 57호 중 품목비중은 시설원예 62.7%, 과수 13.4%, 화훼 11.9%, 축산 7.5%, 기타 4.5%임.
   - 시설원예에서는 파프리카, 토마토(방울토마토 포함), 딸기, 수박, 오이, 참외농가 42호를 대상으로 하였음.
   - 노지과수는 사과, 복숭아, 오미자, 배 등 9농가가 대상임.
   - 시설화훼는 분화, 초화, 국화, 절화류 등 8농가가 대상임.
   - 축산 분야는 양돈, 낙농, 육계 등 5농가가 조사되었음.
   - 기타 육묘, 버섯 등 3농가가 포함되었음.

○ 선도농가의 평균연령은 50.7세로 관행농가에 비해 상당히 젊은 편이며 대상 농가 중 시설원예 분야의 평균연령이 49.3세로 가장 젊은 편임. 경영 유형은 대부분 개인 형태이며 법인 경영은 19.0% 수준임

표 4-2. 스마트 팜 선도농가의 경영 유형

	평균연령	경영유형		
		법인	개인	소계
시설원예	49.3	9(22.0%)	32(78.0%)	41(100.0%)
노지과수	55.2	-	5(100.0%)	5(100.0%)
시설화훼	56.4	-	5(100.0%)	5(100.0%)
시설육묘	60.5	1(50.0%)	1(50.0%)	2(100.0%)
축산	47.5	1(20.0%)	4(80.0%)	5(100.0%)
전체	50.7	11(19.0%)	47(81.0%)	58(100.0%)

주: 복수응답.

1.2. 스마트 팜 도입 요인과 만족도

○ ICT 도입 이유는 대부분 자발적 필요(74.6%)에 의해서이며 주변의 추천에 의한 도입을 포함할 경우 90% 이상임.

- 선도농가들의 스마트 팜에 대한 인식이 매우 긍정적임.

표 4-3. 선도농가의 스마트 팜 도입 요인

	주변 추천	자발적 필요	교육	기타	계
시설원예	9(20.9%)	31(72.1%)	1(2.3%)	2(4.7%)	43(100.0%)
노지과수	3(37.5%)	5(62.5%)	-	-	8(100.0%)
시설화훼	-	5(100.0%)	-	-	5(100.0%)
시설육묘	-	2(100.0%)	-	-	2(100.0%)
축산	-	4(80.0%)	1(20.0%)	-	5(100.0%)
계	12(19.0%)	47(74.6%)	2(3.2%)	2(3.2%)	63(100.0%)

주: 복수응답.

표 4-4. 부류별 ICT 도입 목적

단위: 명, %

	생산성 향상	품질 향상	에너지 절감	편이성 증대	소득 증대	기타	계
시설 원예	29(19.5%)	32(21.5%)	20(13.4%)	35(23.5%)	28(18.8%)	5(3.4%)	149(100.0%)
노지 과수	4(21.1%)	5(26.3%)	-	1(5.3%)	5(26.3%)	4(21.1%)	19(100.0%)
시설 화훼	3(23.1%)	2(15.4%)	2(15.4%)	4(30.8%)	2(15.4%)	-	13(100.0%)
시설 육묘	-	-	-	1(100.0%)	-	-	1(100.0%)
전체	36(19.8%)	39(21.4%)	22(12.1%)	41(22.5%)	35(19.2%)	9(4.9%)	182(100.0%)

주: 복수응답.

○ 스마트 팜 도입 목적은 '영농의 편이성 증대(22.5%)'와 '품질 향상(21.4%), '생산성 향상(19.8%)', '소득 증대(19.2%)'로 비교적 고른 분포를 나타내고 있음.

- 이는 스마트 팜 선도농가들이 각각 목적에 맞는 스마트 팜 시스템을 구축하고 있을 것이라 판단되는 부분임.
- 부류별로는 시설원예 농가의 경우 편이성이 강조된 반면, 과수 분야는 품질 향상에 중점을 두고 있는 것으로 나타났음.

○ 스마트 팜 시설에 대한 정부지원과 자부담에 관련해서는 국고와 지방비 비중이 **54.4%**로 절반 정도가 지원되었으나 자부담 비중도 **38.4%**로 비교적 높은 수준임.
- 자부담 비중 증가는 새로운 융합기술과 농업 ICT의 자체적인 발전에 부담으로 작용할 가능성이 큼.

표 4-5. 부류별 정부지원사업 내역

단위: 백만 원, %

	국고	융자(신청액)	지방비	자부담	계
시설원예	14.9 (17.8%)	12.3 (6.0%)	19.7 (32.4%)	38.9 (43.9%)	62.9 (100.0%)
노지과수	-	-	12.5 (87.2%)	1.9 (12.8%)	14.0 (100.0%)
시설화훼	53.0 (9.6%)	30.0 (5.4%)	25.5 (48.6%)	15.8 (36.3%)	62.0 (100.0%)
시설육묘	-	-	5.0 (52.6%)	4.5 (47.4%)	9.5 (100.0%)
축산	33.0 (30.0%)	55.0 (50.0%)	-	22.0 (20.0%)	110.0 (100.0%)
전체	18.6 (15.0%)	23.8 (7.2%)	18.9 (39.4%)	31.8 (38.4%)	58.0 (100.0%)

주 1) 중복응답.
  2) 금액은 부류별 응답자의 평균 값이며, 비중은 금액 합계에 대한 크기의 평균 값임.

○ 5점 척도에 의한 ICT 유용성 조사 결과 투자 만족도는 대부분 4.0 이상을 보여 시범사업 효과는 큰 것으로 나타남.
  - 그러나 노지과수의 만족도(3.2)는 상대적으로 낮은 것으로 나타났음. 이는 노지 재배환경이 ICT 도입의 부담으로 작용한 것으로 사료됨.

○ 시설 확대 의향과 타인에 대한 ICT 시스템 추천 의향 역시 매우 높게 나타남. 특히 과수의 경우 투자 만족도가 낮음에도 확대 의향은 매우 높은 상황임.
  - 따라서 스마트 팜 보급률이 저조한 노지작물의 잠재 성장성은 클 것으로 전망됨.

표 4-6. 스마트 팜 선도농가의 도입 만족도

	투자 만족도	시설 확대 의향	타인 추천 의향
시설원예	4.40	4.30	4.50
노지과수	3.20	4.80	4.00
시설화훼	4.60	4.40	4.60
시설육묘	4.50	5.00	4.50
축산	5.00	4.80	4.80
전체	4.29	4.44	4.48

1.3. 스마트 팜 교육 습득 및 ICT 활용 수준

○ 선도농가의 스마트 팜 운영기간은 대부분(82.7%) 3년 이상으로 우리나라 ICT 기반 농업기술 도입 초기인 것을 감안하면 매우 긍정적인 결과임.

○ ICT 관련 교육은 단기교육이 연간 6.7회 수준이며 부류별로는 비교적 높은 기술이 요구되는 화훼가 10.0시간으로 가장 많은 교육시간을 이수한 것으로 보임.
  - 다년생 작물인 노지과수는 교육횟수가 가장 적은 것으로 나타났음.

표 4-7. ICT 관련 교육 이수 실태

단위: 명, %

	주기적 교육 이수			연간 교육시간				
	이수함	이수 안 함	소계	60시간 이상	40~60 시간	20~40 시간	20시간 미만	소계
시설 원예	22 (71.0%)	9 (29.0%)	31 (100.0%)	14 (35.9%)	5 (12.8%)	12 (30.8%)	8 (20.5%)	39 (100.0%)
노지 과수	- -	5 (100.0%)	5 (100.0%)	- -	- -	- -	5 (100.0%)	5 (100.0%)
시설 화훼	1 (50.0%)	1 (50.0%)	2 (100.0%)	4 (80.0%)	- -	- -	1 (20.0%)	5 (100.0%)
시설 육묘	1 (50.0%)	1 (50.0%)	2 (100.0%)	1 (50.0%)	- -	- -	1 (50.0%)	1 (100.0%)
축산	2 (40.0%)	3 (60.0%)	5 (100.0%)	- -	1 (20.0%)	- -	4 (80.0%)	5 (100.0%)
계	26 (57.8%)	19 (42.2%)	45 (100.0%)	20 (37.7%)	5 (9.4%)	12 (22.6%)	16 (30.2%)	53 (100.0%)

주: 중복응답.

표 4-8. ICT 관련 교육 내용 및 추가 교육 의향

	교육내용		추가교육 의향(명)		
	단기교육 (회/연)	품목·마이스터 프로그램(회)	의향 있음	의향 없음	소계
시설원예	7.0	2.9	37 (92.5%)	3 (7.5%)	40 (100.0%)
노지과수	3.0	-	3 (60.0%)	2 (40.0%)	5 (100.0%)
시설화훼	10.0	4.5	4 (80.0%)	1 (20.0%)	5 (100.0%)
시설육묘	2.0	-	1 (50.0%)	1 (50.0%)	2 (100.0%)
축산	-	2.5	3 (60.0%)	2 (40.0%)	5 (100.0%)
계	6.66	3.14	48 (84.2%)	9 (15.8%)	57 (100.0%)

주: 중복응답.

○ 향후 ICT 관련 교육의 추가 교육 의향은 **84.2%**가 재교육 의향이 있는 것으로 나타나 ICT 관련 정보 습득에 매우 적극적인 것으로 나타났음.

○ 스마트 팜 선도농가의 ICT 오프라인 컨설팅 실시 현황은 절반이 조금 넘는 수준이 컨설팅을 받고 있는 것으로 나타났음. 그러나 가중치를 반영하지 않은 전체 평균이므로 시설원예 분야를 적용할 경우 비교적 컨설팅 이수 비중이 높은 수준임.
- 부류별로는 과수의 컨설팅 이수 비중이 **80.0%**로 매우 높고, 화훼와 육묘 분야의 컨설팅 이수 실적은 매우 낮은 상황임.

표 4-9. ICT 관련 오프라인 컨설팅 실시 현황

	오프라인(현장) 컨설팅						
	실시 유무(명)			실시 기간			
	실시함	실시하지 않음	소계	2년 이상	1년 이상	1년 미만	소계
시설 원예	25 (62.5%)	15 (37.5%)	40 (100.0%)	21 (84.0%)	1 (4.0%)	3 (12.0%)	25 (100.0%)
노지 과수	4 (80.0%)	1 (20.0%)	5 (100.0%)	3 (75.0%)	-	1 (25.0%)	4 (100.0%)
시설 화훼	-	5 (100.0%)	5 (100.0%)	-	-	-	-
시설 육묘	-	2 (100.0%)	2 (100.0%)	-	-	-	-
축산	2 (40.0%)	3 (60.0%)	5 (100.0%)	2 (100.0%)	-	-	2 (100.0%)
전체	31 (54.4%)	26 (45.6%)	57 (100.0%)	26 (81.3%)	1 (3.1%)	4 (12.5%)	32 (100.0%)

주: 중복응답.

○ 오프라인 컨설팅의 경우 대부분 2년 이상을 지속적으로 유지한 것으로 나타나 선도농가들의 선진농업에 대한 의지가 매우 뚜렷한 것으로 판단됨.

○ 반면, 온라인 컨설팅은 시설원예와 축산 분야를 중심으로 20% 정도 실시하고 있는 것으로 나타나 아직까지는 오프라인이 주를 이루는 것으로 나타났음.
  - 이는 스마트 팜에 있어서도 직접 현장에서 보고 듣고 만지는 교육이 온라인 교육보다는 현실성이 있는 것으로 판단됨.
  - 또한 컨설팅의 특성상 보다 더 규모화되고 통제된 환경이 컨설팅 효과에 긍정적인 요소로 작용하고 있는 것으로 파악됨.

표 4-10. ICT 관련 온라인 컨설팅 실시 현황

	온라인(SNS) 컨설팅						
	실시 유무			실시 기간			
	실시함	실시하지 않음	소계	2년 이상	1년 이상	1년 미만	소계
시설 원예	9 (23.1%)	30 (76.9%)	39 (100.0%)	8 88.9%		1 (11.1%)	9 (100.0%)
노지 과수		4 (100.0%)	4 (100.0%)				
시설 화훼		5 (100.0%)	5 (100.0%)				
시설 육묘		2 (100.0%)	2 (100.0%)				
축산	1 (20.0%)	4 (80.0%)	5 (100.0%)	1 (100.0%)			1 (100.0%)
계	10 (18.2%)	45 (81.8%)	55 (100.0%)	9 (90.0%)	-	1 (10.0%)	10 (100.0%)

주: 중복응답.

표 4-11. 선도농가의 스마트 팜 운영 기간

	스마트 팜 운영기간				
	3년 이상	2년 이상	1년 이상	1년 미만	소계
시설원예	31 (36.1%)	7 (19.4%)	10 (27.8%)	6 (16.7%)	36 (100.0%)
노지과수	5 (100.0%)				5 (100.0%)
시설화훼	3 (75.0%)	1 (25.0%)			4 (100.0%)
시설육묘	1 (50.0%)		1 (50.0%)		2 (100.0%)
축산	3 (60.0%)	1 (20.0%)	1 (20.0%)		5 (100.0%)
계	43 (82.7%)	9 (17.3%)	12 (23.1%)	6 (11.5%)	52 (100.0%)

주: 중복응답.

표 4-12. 스마트 팜 선도농가의 전산경영 프로그램 수집 현황

	생육데이터 수집 및 전산경영 프로그램 운영		
	수집함	수집하지 않음	소계
시설원예	23 (60.5%)	15 (39.5%)	38 (100.0%)
노지과수		5 (100.0%)	5 (100.0%)
시설화훼	1 (25.0%)	3 (75.0%)	4 (100.0%)
시설육묘	1 (50.0%)	1 (50.0%)	2 (100.0%)
축산	3 (60.0%)	2 (40.0%)	5 (100.0%)
계	28 (51.9%)	26 (48.1%)	54 (100.0%)

○ 그러나 생육데이터 수집과 전산경영 프로그램의 운영 자료 수집 실적은 절반 수준에 그쳐 하드웨어와 소프트웨어 간의 불균형이 심한 편임.
  - 아직까지는 자체적인 생육 노하우와 데이터 기반 생육관리가 혼재되어 있는 것으로 판단되며 보다 정밀하고 신뢰성 있는 데이터를 수집하기 위해서는 자동화 시스템의 구현이 요구됨.

○ 선도농가들의 ICT 활용 수준은 비교적 높은 것으로 나타남. 시스템 제어 및 생육관리, 데이터 활용 등을 총괄해서 운영가능(상)한 농가들은 전체의 52.9%이며 ICT시스템의 제어 및 작동방법 정도를 숙지하고 있는 중급 농가들은 45.1%임.

○ 그러나 스마트 팜 도입으로 도입농가의 자체적인 총괄시스템을 구현하는 데 목적이 있으므로, 중급 농가들의 교육프로그램 강화와 현장컨설팅 활성화로 보다 높은 수준의 정보 활용능력을 배가해야 할 것으로 보임.

표 4-13. 스마트 팜 선도농가의 ICT 활용 수준

	상	중	하	계
시설원예	23 (59.0%)	15 (38.5%)	1 (2.6%)	39 (100.0%)
노지과수	-	5 (100.0%)	-	5 (100.0%)
시설화훼	4 (80.0%)	1 (20.0%)	-	5 (100.0%)
시설육묘	-	2 (100.0%)	-	2 (100.0%)
계	27 (52.9%)	23 (45.1%)	1 (2.0%)	51 (100.0%)

주: '상'은 단순(복합)제어관리 운영·관리, 생육관리 데이터 수집·활용 등 종합적 관리 가능 수준, '중'은 단순(복합)제어관리 기능 및 작동방법 숙지 정도, '하'는 스마트 팜 초기단계로 활용 수준이 미흡한 단계로 구분함.

1.4. 유통 및 조직화

○ 스마트 팜 선도농가들의 공동계산 실시 여부는 절반 정도가 선별과 계산을 공동으로 하고 있는 것으로 나타났음. 이 중 시설원예 분야의 공동계산 비중이 가장 크고 노지과수는 미흡한 수준임.

○ 그러나 공동계산 여부와 무관하게 대부분 고정 납품처를 보유하고 있는 것으로 나타났음.
   - 이는 스마트 팜 선도농가에서 자체 생산한 농산물이 이미 경쟁력을 확보하고 있다는 반증임.
   - 또한 고정납품처가 있음으로 해서 스마트 팜 시설을 통한 농산물 품질 확보에 매진할 수 있는 장점을 내포하고 있음.

○ 한편, 스마트 팜 선도농가들의 수출 비중은 **40%** 정도로 일반 농가들에 비해 매우 높은 수준임. 따라서 세종스마트 팜 단지 등 경쟁력 있는 수출 특화 단지 후보를 지속적으로 육성할 필요가 있음.

표 4-14. 스마트 팜 선도농가의 유통행태

	공동선별·계산 여부			고정 납품처 유무		
	실시함	하지 않음	소계	있음	없음	소계
시설원예	23 (60.5%)	15 (39.5%)	38 (100.0%)	30 (83.3%)	6 (16.7%)	36 (100.0%)
노지과수	-	5 (100.0%)	5 (100.0%)	4 (80.0%)	1 (20.0%)	5 (100.0%)
시설화훼	2 (40.0%)	3 (60.0%)	5 (100.0%)	4 (80.0%)	1 (20.0%)	5 (100.0%)
시설육묘	1 (50.0%)	1 (50.0%)	2 (100.0%)	1 (50.0%)	1 (50.0%)	2 (100.0%)
계	26 (52.0%)	24 (48.0%)	50 (100.0%)	39 (78.0%)	9 (18.0%)	48 (96.0%)

표 4-15. 스마트 팜 선도농가의 수출 실태

	수출			수출 법인화		
	실시함	하지 않음	소계	존재함	존재하지 않음	소계
시설 원예	19 (51.4%)	18 (48.6%)	37 (100.0%)	10 (32.3%)	21 (67.7%)	31 (100.0%)
노지 과수	-	5 (100.0%)	5 (100.0%)	-	5 (100.0%)	5 (100.0%)
시설 화훼	-	5 (100.0%)	5 (100.0%)	-	5 (100.0%)	5 (100.0%)
시설 육묘	1 (50.0%)	1 (50.0%)	2 (100.0%)	1 (50.0%)	1 (50.0%)	2 (100.0%)
계	20 (40.8%)	29 (59.2%)	49 (100.0%)	11 (25.6%)	32 (74.4%)	43 (100.0%)

표 4-16. ICT 도입이 판로·수출에 미치는 긍정적 효과 정도 및 긍정적 작용요인

	긍정적 효과 정도	긍정적 작용요인(중복응답)				
		식물 병충해 등 관리효율화	상품성 향상 및 균일화	가격경쟁력	기타	소계
시설 원예	4.3	24 (34.8%)	26 (37.7%)	9 (13.0%)	10 (14.5%)	69 (100.0%)
노지 과수	4.0	5 (50.0%)	5 (50.0%)	-	-	10 (100.0)
시설 화훼	4.6	3 (30.0%)	3 (30.0%)	2 (20.0%)	2 (20.0%)	10 (100.0%)
시설 육묘	4.5	-	1 (50.0%)	-	1 (50.0%)	2 (100.0%)
계	4.4	32 (35.2%)	35 (38.5%)	11 (12.1%)	13 (14.3%)	91 (100.0%)

주: 1점~5점(전혀 그렇지 않다~매우 그렇다)

1.5. 스마트 팜 선도농가의 ICT 도입 성과

○ 스마트 팜 선도농가들의 ICT 활용 이후 경영 성과는 생산량과 조수익으로 이어짐.

○ 부류별로는 시설원예 생산량이 도입 이전 대비 **44.6%** 증가하였으며 조수익도 **40.5%** 상승하였음. 노지과수 역시 생산량이 도입 전보다 **3.4%** 증가하였고 조수익도 **9.7%** 상승하였음. 시설화훼도 생산량이 **18.0%**, 조수익 **34.4%** 상승하는 효과를 가져왔음.

○ 생산량 측면에서는 시설원예 분야가 가장 많은 효과를 나타냈으나 전체적인 생산량과 조수익을 고려할 경우 화훼 분야의 ICT 도입 효과가 가장 큰 것으로 분석됨.

표 4-17. 부문별 스마트 팜 도입 성과

단위: m^2, 톤, 백만 원, 일, %

		생산성 향상			고품질 생산	노동력 절감		
		재배면적	생산량	조수익	상품화율	노동력(명)	월간 근무일수	월평균 임금
시설원예	도입 전	8,369.6	118.2	142.8	86.2	3.6	26.0	1,457.6
	도입 후	9,047.3	170.9	200.6	94.0	3.8	24.6	1,489.1
	증감률	8.1	44.6	40.5	7.8	6.1	-5.4	2.2
노지과수	도입 전	1,1570	27.8	48.4	97.41	8.6	9.8	602
	도입 후	1,1570	28.8	53.1	99.96	8.6	9.6	602
	증감률	-	3.4	9.7	2.55	-	-2.0	-
시설화훼	도입 전	5,249.6	35.1	90.0	89.46	2.4	24.4	1,125
	도입 후	5,249.6	41.4	121.0	97.71	1.8	23.4	1,450
	증감률	-	18.0	34.4	8.25	-25.0	-4.1	28.9

주: 시설육묘와 양돈의 조사는 2건, 버섯, 낙농, 육계의 경우 1건으로 분석에서 제외함.

○ 한편 노동 성과를 보면 월간 근무일수가 감소하고 임금 수준도 대폭 상승하였음.

○ 시설원예의 경우 근로 인원은 0.2명 증가했으나 근무일수가 5.4% 감소하였고 월평균 임금은 2.2% 상승하였음. 화훼류는 노동인원수가 절반 수준으로 떨어지고 월평균 임금 수준은 28.9%나 증가하여 가장 고효율적인 ICT 노동 구조를 보였음.

2. 스마트 팜 성공요인

2.1. 공통요인

○ 스마트 팜 선도농가들에 대한 조사 분석을 통하여 그 성공요인을 조사 분석한 결과, 다섯 가지 요인으로 분류하였음.

○ 첫째, 스마트 팜 선도농가들은 스마트제어 시스템 활용(19.8%)과 데이터에 기반한 농장관리(39.5%)로 보다 좋은 환경을 조성하고 노동력 절감을 실현하였음.
  – 데이터 기반 예찰정보를 적절히 활용하였으며, 원격제어를 통해 농장 외에서도 효율적인 농장관리가 가능하였음. 반드시 농업 현장에 있을 필요가 없어 농장주의 시공간적인 효율성과 에너지 절감효과가 탁월한 것으로 나타났음.

> **<성공사례>**
> ○ 농장명: 우듬지영농조합법인(충남 부여)
> ○ 스마트 팜 개요
>   - 주요 작목: 대추토마토
>   - 연매출: 13억 원
> ○ ICT 활용 성공요인
>   - 스마트폰 앱으로 온실 환경 관리
>   - 관측용 카메라 설치로 외부에서 환경 조절
>   - 스마트폰을 활용한 무선관리에 중점

○ 둘째, 스마트 팜의 발전 가능성에 대한 마인드 구축과 전문컨설팅에 대한 적극성을 보유하고 있었음.
  - 비교적 젊은 농가들로 구성되어 정보습득의 유연성을 확보하였으며 ICT 기술에 대한 확신이 있을 경우, 정부지원도 배제할 수 있다는 자신감을 보유하고 있음.
  - 농업발전의 한 축으로서의 스마트 팜의 중요성 인식하고 전문 컨설턴트에 대한 신뢰와 지속적 교육을 통해 실패 확률을 낮추는 노력도 동시에 이루어졌음.

> **<성공사례>**
> ○ 농장명: 희망담은 농장(전북 익산)
> ○ 스마트 팜 개요
>   - 주요 작목: 고설재배 딸기(설향)
>   - 연매출: 1억 8천만 원
> ○ ICT 활용 성공요인
>   - 귀농인으로 다양한 활동을 통해 기술과 경험을 학습하고 공유
>   - ICT 관련 대학의 코디네이터 교육 이수
>   - 품목조합원과 학습조직의 일원으로 적극 활동

○ 셋째, 이미 관련 분야의 노하우 축적으로 기존 기술과의 시너지 효과 실현하였음.
- ICT 기반 기술을 도입하기 이전 이미 관련 교육을 지속적으로 수료한 상황이기 때문에 자신의 현실과 맞는 관련 설계를 주도적으로 진행하였음.
- 설비 및 작물 생육정보를 꾸준하고 적극적으로 수집하여 부족한 부분의 기술만을 효율적으로 습득하여 저비용 고효율화 실현하였음.
- 데이터 수집에 그치지 않고 운영 관련 정보까지 전문 컨설턴트와 논의하는 적극성을 띠었음.
- 선진(국내외) 정보의 지속적 벤치마킹과 스마트 팜 기획 및 운영능력 배가 노력을 아끼지 않았으며 현장 재배관리 인력에 대한 철저한 교육과 인센티브도 부여하였음.

```
<성공사례>
○ 농장명: 산수유양돈교육농장(전남 구례)
○ 스마트 팜 개요
  - 주요 작목: 양돈 사육 및 교육
  - 사육규모: 800두
○ ICT 활용 성공요인
  - ICT 장비가 모든 것을 해결해주지 않는다는 신중함으로 관련 지식의 지속적 탐구
  - 포유돈자동급이시스템 중 모돈의 이유자돈 생산두수 증가에 초점
  - 모돈군사급이기의 설정 노하우 지속 개발
```

○ 넷째, 선도농가들은 유통 및 수출 채널을 이미 확보하고 있어 ICT 시설을 통해 품질관리에만 전념할 수 있었음.
- 선도농가들은 ICT뿐 아니라 농업 전반에 걸친 선도농가로 이미 안정적인 유통채널을 확보하여 농산물 품질관리에만 집중할 수 있는 여건이 마련되어 있었음.

<성공사례>
○ 농장명: 논산토마토(충남 논산)
○ 스마트 팜 개요
 - 주요 작목: 대추토마토, 완숙토마토
 - 재배규모: 9,900㎡
○ ICT 활용 성공요인
 - 이미 GAP 인증을 받은 농가로 이미 토마토의 상품성 보유
 - 일부 하우스에서는 일본 수출을 위한 토마토 재배
 - 출하지가 서울청과로 일원화되어있고 품질이 좋아 경쟁 농가보다 수취가격 높음.

표 4-18. 선도농가들의 스마트 팜 성공요인

	성공요인	빈도	비중
농가 관점	데이터 영농으로 온습도 및 병해충 관리 성공	32	39.5
	스마트 팜 성공마인드와 전문컨설팅에 대한 적극성	19	23.5
	스마트제어 노동력 절감 등 관리 효율성 제고	16	19.8
	환경제어 노하우 축적으로 기존 기술과 시너지 효과 견인	8	9.9
	정부 지원에 따른 자기부담 비용 완화	5	6.2
	동일시스템 설치 주체와의 지속적 정보 교류	1	1.2
	계	81	100.0
조사자 관점	스마트 팜 성공마인드와 전문컨설팅에 대한 적극성	37	39.8
	수출 및 유통거래선 기 확보로 품질관리에만 전념	19	20.4
	환경제어 노하우 축적으로 기존 기술과 시너지 효과 견인	16	17.2
	데이터 영농으로 비용 감소 및 생산성(품질) 향상 달성	14	15.1
	농산물 수출 가능성에 대한 긍정적 인식	3	3.2
	권장시스템 및 매뉴얼에 충실	2	2.2
	정부 지원에 따른 자기부담 비용 완화	1	1.1
	동일시스템 설치 주체와의 지속적 정보 교류	1	1.1
	계	93	100.0

주: 중복응답.

○ 다섯째, 자기부담비용이 줄면서 선진시스템 도입의 거부감이 제거되었음.
  - 정부 시범사업 등에 따라 국비 및 지방비가 지원되면서 ICT 도입에 대한 부담감이 상쇄되었음.

<성공사례>
○ 농장명: 진풍농원(경남 통영)
○ 스마트 팜 개요
  - 주요 작목: 파프리카
  - 재배규모: 9,900㎡
○ ICT 활용 성공요인
  - 경제적 부담이 큰 관리유지비 등의 정부지원으로 안정적 스마트 팜 시스템 구축
  - 정부의 시설현대화사업, 에너지이용효율화사업 등과 연계하여 자부담 비율 부담 감소

2.2. 부문별 요인

○ 시설원예 및 과수 부문은 예찰정보 비중 증가로 농장관리의 선택과 집중화가 가능하였음.
  - 탑프루트 사업과 연계하여 마케팅 부문을 지역농협(APC)과 협력하였으며 시스템에 맡기지 않고 수동 제어시스템의 집중적 탐구로 관리의 오류를 최소화하였음.
  - 가온뿐 아니라 추가적으로 에너지 절감시설에 대한 제어시스템을 도입하였으며 생육데이터의 수집과 자료를 세분화하여 구축하였음.
  - 이미 단지가 집단화되어 공동방제시스템 등 ICT 도입 여건이 비교적 용이했던 것도 성공요인의 하나임.

○ 축산 부문은 데이터 네트워크뿐 아니라 인적(프로그램)네트워크 향상 노력

(축산 부문의 자금력이 상대적으로 높아 산학연 네트워크 확보에 용이)으로 생육단계별 컨설팅 전문가 풀(Pool)로 구성된 컨설팅 그룹의 자체 운영이 가능하였음.

제5장

시사점 및 발전 방향

1. 부문별 시사점

1.1. 원예 부문

○ 원예 부문의 스마트 농업 기술은 주로 생산비 절감, 노동력 절감, 고품질 생산과 품질 관리 등에 초점을 맞추어 도입되고 있음.
  - 자동화 센서를 활용한 재배 환경 제어, 원격제어 등은 생산비와 노동 부담을 절감할 수 있는 기술임.
  - 또한 센서를 활용해 작물의 환경을 모니터링하고 액비 등의 공급에서 유효 성분의 농도를 조절함으로써 고품질 농산물을 최적의 비용으로 생산할 수 있음.
  - 산지유통센터에 도입되고 있는 수확 후 관리 기술은 농산물의 품질과 안전성 관리를 통해 부가가치를 높이는 데 기여하고 있음.

○ 기반기술이나 인프라의 성격보다는 개별 경영체의 생산성 향상에 기여하는

스마트 기술이 도입되고 있음.
- 센서나 센서 네트워크, 자동제어나 원격제어, 수확 후 관리 등은 이미 다양한 기술을 융합하여 현장 애로를 해결하는 응용 기술이 개발·보급되고 있음.
- 국내외의 수많은 민간 기업체가 자사의 특화된 응용 기술을 활용하여 상업적으로 해당 설비나 시설을 보급하고 있음.
- 농업 선진국에서 개발된 기술을 벤치마킹하여 국내 실정에 맞게 실용화하는 사례가 발생하는 등 민간 영역에서 활발하게 기술이 개발·보급되고 있음.

○ 기술의 도입은 농가나 개별 경영체의 경영합리화 차원에서 의사결정이 이루어짐.
- 이미 상용화가 된 설비나 시설을 도입하는 것이기 때문에 농가가 경영 측면에서 타당성을 평가하여 도입 여부를 결정함.
- 정부나 지자체의 지원이 있는 경우 초기 투자 부담을 줄일 수 있어 기술 도입을 촉진하는 측면이 있음. 산지유통센터나 거점산지유통센터 등 정부의 지원이 이루어지는 시설에서는 국내외 최신 기술을 적용한 스마트 기술이 도입되는 추세임.

○ 원예 부문의 스마트 기술 개발·보급은 주로 시설원예나 과수 부문에서 활성화되어 있고 노지 채소 부문에는 기술 개발이 미흡한 실정임.
- 자동제어나 원격제어 등은 주로 시설원예에 도입되는 기술로 노지채소는 노동력에 의존하는 비중이 높고 스마트 기계화 비중도 낮은 수준임.
- 생산성 향상과 노동력 부담을 완화하는 스마트 농업이 원예산업 전반으로 확산되기 위해서는 노지 채소 분야에도 다양한 스마트 기술의 개발·도입이 필요함.

○ 현장 애로 기술 개발 차원에서 민간 부문의 다양한 실용화 연구가 활성화될

수 있는 여건 조성이 필요함.
- 자동 개폐기나 원격 제어 등은 민간 차원에서 상용화되는 등 원예 부문 스마트 기술의 민간 차원에서 추진되고 있음.
- 원예 생산 부문의 스마트 기술은 기반 기술 개발이나 인프라 조성 없이 실용화가 가능한 기술이 다수 존재하므로 민간 부문의 실용화 연구가 활성화될 수 있는 여건 조성이 필요함.
- 민간 기업의 소규모 실용화 기술 개발을 촉진할 수 있는 연구 개발 지원 정책의 개발이 필요함.

○ 스마트 설비 및 시설의 도입 비용을 절감하여 도입을 촉진할 수 있는 정책 개발이 필요함.
- 원예 부문의 스마트 기술은 농가나 경영체의 경영 합리화 차원에서 추진되고 있어 도입 비용이 절감된다면 도입이 확대될 수 있음.
- 또한 도입이 확산되면 기업 측면에서는 대량 생산이 가능하여 도입 원가를 절감시킬 여지가 발생함.

○ 노지채소의 스마트 기술 개발·보급을 위한 정책 개발이 필요함.
- 현재 원예 부문에 보급된 스마트 기술은 대부분 시설원예와 과수 관련 기술로, 원예 산업 전반으로 스마트 기술 보급을 확산시키기 위해서는 노지채소 부문의 스마트 기술 개발·보급이 필요함.
- 농업 인구의 고령화, 농촌 노동력 부족 등의 사회 문제 해결을 위해서도 노지 채소 부문의 자동화·기계화를 확대시키는 것이 필요함.
- 노지 채소 부문의 스마트 기술 개발·보급을 위한 연구 개발과 기술 보급 체계를 수립하는 등의 정책 개발이 필요함.

1.2. 축산 부문

○ 축산 부문은 일반농업과 다르게 소규모 농지에 공장식 축사를 통해 대량생산이 가능하기 때문에 과거 노동집약적인 축산에서 자본집약적인 축산으로 빠르게 진행하고 있음. 특히 양계, 오리, 양돈에서 이러한 현상이 빠르게 진행되고 있음.
  - 따라서 공장식 축사를 통해 생산성을 높이기 위한 노력으로 사료급여, 질병관리, 사육환경, 도축·가공, 유통, 소비까지 IT를 이용한 스마트 축산이 빠르게 진행되고 있음.

○ 동물의 생육환경과 생물학적 특성 등을 추적·관찰하여 데이터화하고, 이를 이용한 과학적 분석을 통해 우수한 품질의 종축 개발과 질 좋은 축산물 생산이 가능하며, 이를 통한 생산성 향상과 이윤 창출이 가능함.

○ 소득의 향상과 건강에 대한 관심이 높아지면서 소비자의 식품안전에 대한 요구가 높아지고 있음. 이에 따라 축산물의 안전한 생산과 유통 관리를 위한 '축산물 이력제' 등을 통해 농장에서 식탁까지 모든 유통과정을 정보화하고, 소비자들에게 이러한 정보를 제공함으로써 안전한 식탁에 대한 요구를 충족시켜주고 있음.

○ 이러한 스마트 축산의 활성화는 일차적으로 생산자들의 생산성 향상 노력과 경영효율성 증진 노력의 결과물이라고 할 수 있음. 이는 축산업이 자본을 바탕으로 하는 규모의 경제를 일반농업보다 쉽게 달성할 수 있기 때문임.

○ 따라서 스마트 축산을 위해서는 우선적으로 축산 분야에서 자본축적이 선행되어야 하며, 농업인들의 적극적인 생산성 향상 및 노동력 절감과 경영효율성 증진 노력이 필요함. 그러나 현실적으로 소농 중심의 우리나라 농

업현실을 감안하면 자본 축적이 어렵기 때문에 정부의 지원 등 외부의 지원이 필수적임.

○ 그리고 사회 환경여건 변화에 따른 식품안전에 대한 소비자의 요구에 적극적으로 대응함으로써 축산 분야의 IT 융합은 빠르게 진행되고 있음. 특히 식품안전에 대한 소비자 요구에 부응한 정부와 유통업계의 적극적인 의지와 이에 대한 투자가 스마트 축산을 견인하는 주요한 요인임.

○ 그렇기 때문에 스마트 농업을 위해서는 시장에서 소비자 요구가 보다 빠르고 정확하게 농업인과 유통업자들에게 전달될 수 있는 체계가 구축되어야 함. 특히 식품안전에 대한 정보의 구축과 전달이 잘 이루어질 수 있는 체계를 구축함으로써 생산과 유통단계에서 소비자들의 요구에 부응할 수 있어야 함.

○ 생산에서 IT 기반 첨단 기술을 이용한 스마트 축산업 추구를 위해 보다 고도화된 생명공학과 IT를 연계한 첨단 축산업 과학기술을 이용한 고능력 가축 개량 및 우수 종축 정보 구축이 필요함.
  - 생산 부문의 일부에서 추진되고 있는 IT를 이용한 가축 환경 모니터링·제어체계 및 성장 환경 통합관제시스템을 통한 농장 자동화 시스템을 전 축산업으로 확대 구축해야 함.
  - 질병 발생 감시 및 질병 조기 진단을 위한 스마트한 방역시스템을 구축해야 함.
  - 농장 경영의 합리화를 위한 클라우드 기반의 경영정보시스템(ERP) 융합 기술 개발도 필요함.

2. 스마트 팜 발전 방향 검토

2.1. 철저한 ICT 컨설팅과 기술지원체계 구축

○ 미래 스마트 팜의 활성화를 위해서는 신기술에 맞는 시설환경관리, 재배기술 등을 지속적으로 업그레이드 해 나가야 함.
　- 이를 통해 신규 및 기존 도입농가의 실패확률을 낮추고 농가의 현재 기술 수준에 대한 정확한 분석이 이루어질 수 있으며 최적화된 설비 구축으로도 연결될 수 있음.

○ 시범사업 주체들에 대한 철저한 사전·사후 관리와 교육으로 스마트 팜에 대한 신뢰성을 확보해야 함.
　- 스마트 농업시스템에 대한 확고한 AS 체계 구축으로 미도입농가에 대한 유인 요소를 실현해야 하며 농가 수준별·단계별 맞춤교육으로 교육 효율을 높일 필요가 있음.
　- 또한 현장 컨설턴트의 교육 및 육성에 대한 지속적인 지원 체계도 구축해야 함.

2.2. 시스템의 표준화 및 사용자의 데이터 마인드 구축

○ 스마트 팜은 아직까지 선도농가 또는 비교적 정보 처리 능력이 높은 젊은 농가들을 위주로 보급되고 있음. 따라서 스마트 팜의 일반화를 위해서는 보다 쉽고 접근성이 담보되는 시스템 도입이 요구됨. 따라서 시스템 및 매뉴얼의 표준화가 결국 농업 ICT 기반 확장에 기여하다는 것을 유념해야 함.

○ 시스템 표준화와 더불어 스마트 팜 농가 역시 정밀한 생육데이터를 수집·분

석하고 데이터에 대한 마인드 자체를 높일 수 있도록 노력해야 함.
- 표준화된 시스템에서 다양한 시나리오에 따른 생육과 생산 활동의 결과를 비교하기 위해서는 농가의 철저한 데이터 관리와 생육 히스토리에 대한 정보습득 능력을 배가해야 함.

○ 따라서 생육정보, 유해 조수 및 유해동물의 침입탐지 기록 등 데이터의 수기 작성을 되도록 지양하고 자체적인 전산관리 능력을 배양해야 함.

2.3. 신뢰성 높은 전문업체 육성

○ 스마트 팜 시스템의 경우 농업 이외의 현장에서 제어가 가능하기 때문에 시스템의 정밀성이 매우 크게 요구됨. 오작동이나 데이터 오류가 발생할 경우 농가에 치명적인 손해로 연결될 수 있음.

○ 따라서 검증되지 못한 시스템 업체에 대한 철저한 규제와 감독이 절실함. 장기적으로 복잡한 시스템 구축에 대비, 신뢰성이 높은 관련 업체 육성으로 스마트 팜 선호도 증가에 기여할 필요가 있음.

2.4. 적절한 정부 지원방안 마련

○ 스마트 팜 선도농가들에 대한 조사 결과, 초기 시스템 도입의 비용 부담이 스마트 팜 도입에 가장 큰 걸림돌인 것으로 나타났음.

○ 비용 증가에도 설치 후 시스템 오작동으로 인해 경영 성과가 발생하지 않을까에 대한 우려가 많았음.

○ 따라서 스마트 팜 연착륙을 위한 제도적 뒷받침이 필요할 것으로 보임. 초기 설비비용 지원에 그치지 않고 일정 기간 경영 성과에 대한 보완적 지원도 필요할 것으로 사료됨.

그림 5-1. 스마트 팜 발전방향 및 주요 내용

발전 방향	주요 내용
시스템 도입 이전 철저한 전문 컨설팅(온라인 포함) 실시	• 신기술에 맞는 시설환경관리, 재배기술확보 • 신규 및 기존 도입농가의 실패확률 제거 • 농가의 현재 기술수준의 정확한 분석 • 최적화된 설비 구축으로 연결
사후 관리 및 단계적 기술(교육)지원 체계 구축	• 시범사업 주체들의 철저한 사후관리로 신뢰성 확보 • 확고한 AS 체계 구축으로 미도입농가 유인 실현 • 농가 수준별 단계별 맞춤교육으로 교육효율 제고 • 현장 컨설턴트의 교육 및 육성 지원
시스템 및 매뉴얼의 표준화	• 보다 쉽고 접근성이 담보되는 시스템 도입 • 매뉴얼의 표준화로 농업 ICT 기반 확장에 기여
정밀한 생육 및 환경데이터 구축	• 과학적 근거 제시로 농가의 스마트 팜 진입 견인 • 유해 조수 및 유해동물의 침입탐지 시스템 확장
농가의 데이터 마인드 일상화	• 농가 역시 데이터의 수기 작성을 지양하고 자체적인 전산관리 능력 배양
신뢰성 높은 전문업체 육성	• 장기적으로 복잡다단한 시스템 구축에 대비, 신뢰성이 높은 관련 업체 육성으로 스마트팜 선호도 증가에 기여 • 검증되지 못한 시스템 업체에 대한 철저한 규제
적절한 정부 지원방안 마련	• 초기 시스템 도입의 비용 부담 완화 • 장기적으로 생산-가공-유통-수출의 통합 지원방안 마련 • 대형농장과 실질적 지원이 필요한 중소 농가들 간의 적절한 지원체계 구축
ICT 확산 모델화 추진	

○ 또한 장기적으로 생산-가공-유통-수출의 통합 지원방안도 마련할 필요가 있으며 대형농장과 실질적 지원이 필요한 중소 농가들 간의 적절한 지원 배분 방안도 마련할 필요가 있음.

참고 문헌

김연중·국승용·김용렬·이명기·김종선·김윤형·민경택·지인배·심재헌. 2013.『스마트 농업의 현황과 발전방향』. 한국농촌경제연구원.
농림수산식품부. 2015. 농식품부 농업경영체 등록 농업시설현황 실태조사 자료.
농림수산식품부. 2016. 박근혜정부 농정 중간보고서.
농림축산식품부 내부자료. 2016. 농업과 ICT 융합 한국형 스마트 팜 확산 자료.
농림축산식품부. 2016. 농업과 ICT 융합 한국형 스마트 팜 확산 자료.
농림축산식품부. 2016. 주요 기업별 스마트 팜 추진현황 조사결과.
농림축산식품부. EPIS. 농림수산식품교육문화정보원. 2015. 농식품 ICT 융복합 우수사례집.
농촌진흥청. 2016. 온실유형 조사결과 보고서.
도농업기술원. 2015. 권역별 현장지원센터 관리농가 현황자료.
서울대학교. 2015. 세종 창조마을 ICT 스마트 팜 시범사업 성과분석.
서종성·강민수·김영곤·심춘보·주수종·신창선. 2008. "센서 네트워크를 활용한 유비쿼터스 온실관리시스템 구현."『한국인터넷정보학회』제9권 제3호.
유남현·송길종·유주현·양수영·손철수·고진광·김원중. 2009. "유비쿼터스 센서 네트워크를 이용한 농산물 재배관리 및 이력추적 시스템의 설계 및 구현."『정보과학회 논문지: 컴퓨팅의 실제와 레터』제15권 제9호.
유찬주·이영만. 2008. "농업정보화에 대한 농업인의 수용태도 분석."『농업생명과학연구』제41권 제4호.

연구 담당

김연중	선임연구위원	연구 총괄, 스마트 팜 보급 확대정책
박지연	부연구위원	스마트 팜 도입 성공요인 분석
박영구	전문연구원	스마트 팜 보급 실태 분석

스마트 팜 실태 및 성공요인 분석

초판 인쇄 2019년 11월 26일
초판 발행 2019년 11월 29일

저 자 김연중, 박지연, 박영구
발행인 김갑용

발행처 진한엠앤비
주소 서울시 서대문구 독립문로 14길 66 205호(냉천동 260)
전화 02) 364 - 8491(대) / 팩스 02) 319 - 3537
홈페이지주소 http://www.jinhanbook.co.kr
등록번호 제25100-2016-000019호 (등록일자 : 1993년 05월 25일)
ⓒ2019 jinhan M&B INC, Printed in Korea

ISBN 979-11-290-1471-9 (93520)   [정가 10,000원]

☞ 이 책에 담긴 내용의 무단 전재 및 복제 행위를 금합니다.
☞ 잘못 만들어진 책자는 구입처에서 교환해 드립니다.
☞ 본 저작물은 '한국농촌경제연구원'에서 2016년 6월 발행한 기타연구보고 '스마트 팜 실태 및 성공요인 분석'을 이용하였으며, 해당 저작물은 '한국농촌경제연구원' 홈페이지(http://www.krei.re.kr)에서 무료로 다운받으실 수 있습니다.
☞ 본 도서는 [공공데이터 제공 및 이용 활성화에 관한 법률]을 근거로 출판되었습니다.